CLIMATE CHANGE BEGINS AT HOME:
Life on the two-way street of global warming

異常気象は家庭から始まる

脱・温暖化のライフスタイル

デイヴ・レイ 著
日向やよい 訳

いのちと環境ライブラリー

日本教文社

謝辞

まず初めにサラとマディにありがとうと言いたい。一年ものあいだ、週末といえば寝室に閉じこもって、たまにコーヒーで活を入れに姿を現すだけだったわたしに、よくぞがまんしてくれた。サラには、下書きを読んでくれたことと、気に入って笑ってくれたことにも感謝している。

フローには困難な実地調査で疑問をすっきりさせてくれたことに、両親のジョンとジョアンには、マイク、ポール、エリザベスとともに過ごしたすばらしい子供時代を与えてくれたことはもちろん、いつも変わらぬ関心を寄せてくれたことに感謝している。グリンとアランには、よき支えとおいしい食事と心あたたまるつきあいに、お礼を言いたい。マフムド・イブラヒム、ジョン・マクリスタル、エルスペス、イレーヌ、ブライアン、アンジー、リチャード、ジェニー、それにスリーマイルタウンのよき友人隣人諸君、ありがとう。あなたがたのおかげで、我らがウェストロージアンのささやかな一角は、映画『素晴らしき哉（かな）、人生』（一九四六年、フランク・キャプラ監督。クリスマス映画として有名）に出てくるベッドフォードフォールズのスコットランド版ともいうべき、ぬくもりに満ちた場所になった。

エディンバラ大学のキース・スミスには上司であるだけでなく友人としても接してくれたことに、また新しいアイディアを追いかける自由をくれたことに感謝している。同じく非常に理解ある上司のジョン・モンクリーフとジョン・グレースにも感謝を捧げる。

スコット、メル、ケリー、モード・マキューアン、午後の散歩とおしゃべりにつきあってくれてありがとう。また次の方々からいただいたさまざまな支援やアドバイス、インスピレーションに対し、お礼申し上げる――サイモン・シン、レイチェル・カーソン、マーク・ライナス、ジョージ・モンビオ、リチャード・スターキー、ポール・ジェイコブソン、バーナード・ハッチンソン、ダグラス・アダムズ、ジェラルド・ダレル、気候変動に関する政府間パネル、自然環境研究委員会、そしてアバ。

最後に、編集にあたったマクミラン社のサラ・アブドゥラには、わたしのジョークの半分以上を気に入ってくれたことと、文章にこびりついた学者くささをこそげ落としてくれたことに感謝申し上げる。

まえがき

気候変動は目新しい現象ではない。泡立つ原始の海に漂う最初の微生物が、「少しぞくぞくしてきたな」と感じて以来、地球上の生きものは気候の変化に適応してこなければならなかった。適応できなければ死が待っていた。新しいのは、温室効果の促進による急激な気候変動である。人類は地球上で無謀な実験をしている。もともとの濃度を二倍にも三倍にもするほどの温室効果ガスを大気中に送り込んで、何が起こるか見ようというのだ。

わたしがこの本を書いた理由はいたって単純。何が起こるか見たくないからだ。家族や友人にも見せたくないし、あなたやあなたの愛する人にも見せたくない。なにより、わたしたちの子や孫たちには見せたくない。気候変動によってどんなことが起ころうとしているかを知って、わたしはゾッとした。心底震えあがった。

昔からこれほど心配していたわけではない。何年ものあいだ、地球温暖化についてのわたしの関心は個人的なものというより職業上のものだった。大学院生になりたてのわたしの研究対象は、南氷洋の凍えるような水中にいる例の寒気を感じた微生物の子孫で、「地球温暖化に彼らはどう対応するか？」というのがテーマだった（温暖化が気に入ったのもいれば、死んだのもいた）。それから七年、政治家が行動や法令の必要性にきっと気づいてくれるだろうと信じながら、わたしは気候変動の影響についての基礎的な研究を続けた。一九九七年に京都議定書が策定されたときには、この議定書単独では充分でないと知りつつも、これだけ多くの国が参加しているのだから、ようやく何らかの行動が起こされるのだろうと、一安心したものだった。ところが二〇〇一年、合衆国大統領ジョージ・ブッシュが自国——世界最大の温室効果ガス排出国——の京都議定書からの離脱を宣言した。しばらくは仕事も手につかず、やたらにうろうろしては、「ちくしょう、いったいどうなってるんだ？」とつぶやいていた。この時点で、京都議定書は暗礁に乗り上げたかに見えた。温室効果ガスの排出削減に向けた協調行動の見込みはなくなり、膨大な調査研究（わたし自身の藻類煮沸実験も含め）はすべて無駄になったかと思われた。

ブッシュ人形を毎朝わが家のラブラドル犬に投げ与えては、政治家連中をののしることを続けていられたら、そのほうが楽だったかもしれない。あいにく反撃の方法がひとつあった。給料をもらっている研究のかたわら、わたしは自分に直接責任のある温室効果ガスについての調査を始めた。増やすも減らすも自分の意思しだいという排出量がどれくらいなのか、調べ始めたのだ。

その結果、ずいぶん大口の排出者であることがわかったが、何か手を打てることもわかった。政治家連中は手をこまねいているかもしれないが、わたしは自分の排出量を削減していこうと思った。たとえ微力でも、自分のすべきことをするのだ。

こうして、本書の種がまかれた。最初に芽を出したのは、科学雑誌『ネイチャー』に載った「京都はわが家から」と題する短い論文だった。アメリカに住む四人家族が、ライフスタイルの簡単な変更を少々することで、京都議定書に定められたアメリカの削減目標を達成するという話である。その後何年かかかって、環境にやさしい埋葬方法からラブラドル犬の地球温暖化への貢献度まで、あらゆることを調べ上げた。いっぽう、うちの大型車は先進的なスマートカーに取り替えられ、低エネルギー型電球が家中に普及し、通販の堆肥化促進用ミミズが届いた（実に楽しい夕べのひとときだった。いやホント）。

こういった活動のかたわら、気候変動の調査研究に関するウェブサイトの運営も手がけていた。地球温暖化のニュースが新聞でもますます多く取り上げられるようになるにつれ、仕事量も毎月増えていった。そういったニュースは、もはや発展途上国のこうむる影響についてだけとは限らない。いまでは、「地中に沈み行くアラスカの町」「ヨーロッパ全土で熱波による死者数万人」「米国を襲う大洪水」「旱魃（かんばつ）にあえぐオーストラリア」、そしてここスコットランドでも「スキーリゾート、雪不足にお手上げ」といった見出しが紙面を飾るようになっている。わたしには、気候変動はもうわが家の戸口まで来ているように思われた。

こういったもろもろのことに、ひどい睡眠不足少々を混ぜ合わせて、この本ができた。地球温暖化とわたしたちの日々の生活との相互作用を綿密に調べ、気候変動がわたしたちや近所の人たち、今後本書を買ってくださるであろう多くの人たちに及ぼす影響と真正面から向き合って、逆にこちらから気候に影響を与えてやること、それが本書のねらいである。

図版転載の許可をいただいたことについて、著者ならびに発行人は以下の方々や機関に感謝する。

＊気候変動に関する政府間パネル　Intergovernmental Panel on Climate Change (IPCC). Impacts of or risks from climate change, by reason for concern. TS-12. *Climate Change 2001: Impacts, Adaptation and Vulnerability*, Cambridge University Press, Cambridge, 2001.

＊ポール・ジェイコブソン　Paul (Jake) Jacobson. *Jacob Marley and Ebenezer Scrooge*. http://bcpub.com/jake/

＊パトリック・ミンニス　Patrick Minnis, NASA. *Flight frequencies over the US on 3rd and 11th September 2001*. NASA Langley Cloud and Radition Group, US. http://www-pm.larc.nasa.gov/sass/airtraffic_shutdown.html

＊帝国戦争博物館　Imperial War Museum. *Daddy, What did you do in the Great War?* (Saville Lumley)

＊ボイル、R　Boyle, R. *The Works of Robert Boyle*, edited by M. H. Hunter and E. B. Davis, Pickering & Chatto, London, 1999.

版権所有者を明らかにするため最大限の努力を払ったが、なお取り落としがあれば、機会があり次第、喜んで必要な措置を講じたい。

単位について

本書には温室効果ガスが何グラムとか何キログラム、何トンとかいう表現がいたるところに出てくるが、これはいわゆる二酸化炭素当量に換算しての話である。メタンや亜酸化窒素のような強力な温室効果ガスについては、二酸化炭素に比べて分子一個につきどれくらい多くの熱を閉じ込めるかを考慮した地球温暖化指数（GWP）を掛け合わせて換算する。二酸化炭素はGWPが一、メタンは二〇、亜酸化窒素は三一〇である。

——異常気象は家庭から始まる◎目次

異常気象は家庭から始まる——脱・温暖化のライフスタイル

第1章　ひとりひとりの力

まず、カーボン家の面々を紹介しよう。暮らし向きは中流で、住んでいるのはごくふつうの町。きれいに刈り込まれた芝生にフェンス、朝はコーヒー、隣近所の目が光る、欧米のどこにでもあるような町だ。夫婦はけんめいに働いて、念願の家と車を買い、息子のジョージとヘンリーにも不自由のない生活をさせている。

ちょうど土曜のお昼前で、カーボン一家はスーパーマーケットから帰ってきたところである。ピカピカのミニバンから一週間分の買い物をおろしている。アラバマではうだるような暑さがまたぶり返したため、アイスクリームがすっかりとけてしまう前にフリーザーに入れようと、おおわらわだ。家に入るなりジョージは手早くエアコンのスイッチを入れ、テレビの前に滑り込む。ヘンリーはそっと自分の部屋に引っ込んで、音楽をかけ、オンラインゲームを再開する。買ってきた物をようやく片づけ、レジ袋も再使用のためにしまい込むと、カーボン夫妻は新聞と淹れたてのコーヒーを手に腰を下ろす。コーヒーは途上国の人々の生活支援をめざすフェアトレードで輸入されたものだ。すばらしきかな、人生。

けれども、楽しげなおしゃべりもすぐに途絶え、弾んだ気分は新聞の悲観的な見出しでしぼんでしまう。グリーンヴィル・ヘラルド紙によれば、熱波がいっそう激しくなるもようだ。停電を避けるため、需要ピーク時には電力の使用を抑えるようにという地元上院議員の呼びかけが載っている。保健行政担当官の推定では、郡全体ですでに二〇〇〇人が熱中症で入院し、死者も三〇人に達しているという。近所の高齢者に気を配り、犬や幼児を車内に置き去りにしないようにとのことだ。暑さから逃れようとして地元の湖で泳いでいた少年がふたり、溺れ死んでいる。全国版のニュースのほうも似たり寄ったりだ。中西部一帯ではきびしい給水制限が敷かれ、多くの農夫が、乾ききって風に吹き散らされる畑の表土をなすすべもなく見つめている。アラスカでは永久凍土がとけだし、何千という家が失われた。

このめちゃくちゃな気候がアフリカのどこか遠くの国の話ではなく、ここで、自国内で起きていることを知って、カーボン夫妻は心配になる。ほんの五年前なら、ふたりとも、気候変動に対して行動を起こすべきだなんて言われても、端から取り合わなかったことだろう。経済的影響をうんぬんする政治家のことばを引き合いに出したり、気象学者なんて温暖化をメシの種にしているだけさと言ったりしたはずだ。当時は、警告のことばは恐ろしげだったとしても、裏づけとなる証拠に乏しかった。それにふたりともまだ憶えているが、一九七〇年代には、人類は新たな氷河時代に遭遇するという予想が出されてもいた。

温暖化の脅威は誇張されすぎているといまだに感じてはいるものの、いまではカーボン夫妻も、グリーンヴィルでのいつになく早い春の訪れや、がっかりするほど雪の少ない冬、焼けつくような夏を否定することはできない。なにしろ、その酷暑のさなかに、以前は青々としていたカーボン氏自慢の芝生の最後の生き残り部分が、あえなく終わりを迎えたのだ。

さすがのカーボン一家も少々心配になり始め、地球温暖化防止のために「自分たちにできることをしよう」と思うようになる。しばらく前からカーボン夫人はビンや缶、新聞の分別を始めた。それを毎週木曜日に、道路際に置かれた専用の回収箱に入れる。カーボン氏は昔ながらのタングステン電球を省エネタイプのものに取り替え、灯りやテレビ、コンピュータをつけっぱなしにするなと、子供たちに口うるさく言うようになった。ニットのズボンをはいたり、乾燥果実やナッツ入りのシリアルを毎食のように食べたりしているわけではないが、できることはやっているとカーボン一家は思っていたし、もし訊かれれば、自分たちのライフスタイルは「とても環境にやさしい」と答えたことだろう。

ところで、カーボン家のさまざまな取り組みは気候変動の緩和にどれくらい役立っているのだろうか？　率直に言って、たいしたことはない。スーパーに毎週車で出かけるだけで、リサイクルや省エネの努力で節約した分をすべて上回るほどの温室効果ガスを発生させているからだ。自分たちのライフスタイルを実質的には少しも変えることなく、気候変動対策に貢献できると思うなんて、自己欺瞞もいいところ。実際、「環境にやさしく」という彼らの取り組みはいまのところ、地球温暖化に関する不安をとりあえずなだめながら、そのいっぽうでこれまで通りの生き方を続けるのに役立っているだけなのだ。

　どうして彼らはもっと努力しようとしないのだろう？　ライフスタイルの変更――たとえばガソリンをがぶ飲みするカーボン氏のＳＵＶ〔スポーツ用多目的車〕を手放す――はそう簡単ではないとわかったということもあるが、なによりも、これまで気候変動は発展途上国の問題だと考えがちだったからだ。たしかに、アフリカやアジア、南アメリカでハリケーンや旱魃（かんばつ）や洪水が増えているのは気の毒に思う。けれども、地球温暖化がわが家のドアをノックし始めるまでは、しょせん他人事、たいして深く考えることもなかろうというわけだ。

　カーボン一家や似たような何百万もの家庭を奮起させて何らかの行動を起こさせるには、影響がじかに戸口まで押し寄せる必要がある。あなたがたの出す温室効果ガスのおかげで、何千キロもかなたの人たちが被害をこうむるのですよと注意を促したとしよう。注意されたほうは、たとえばリサイクルを少々始めるといったぐあいに、申し訳程度のことをしようとするかもしれないが、その後は、悲惨なニュースは見たくないと思えばいつでもテレビから目をそらすことができる。けれども、気候変動が彼ら自身の友人や家族、暮らしぶりをおびやかそうとしていると気づかせてやりさえすれば、地元の金物屋で省エネ電球を求める列の先頭に並ぶはずだ。

これは温室効果ガス排出に対する行動を呼びかける人々がみな直面する課題である。彼らはまず私たちの人間性に訴えかける。気候変動が発展途上国に及ぼすであろう、あるいはすでに及ぼしている壊滅的な打撃を数え上げて、西洋社会のぜいたくさに囲まれて生きている私たちすべてのなかに流れている、あの一抹の罪悪感を引き出そうとするわけだ。気候変動に対処するだけの資源に乏しかったり、まったくなかったりする国々を襲うかもしれない大規模な飢饉(ききん)や疫病、民族移動について、彼らは警鐘を鳴らすことができるし、実際にそうしている。しかしそういった惨事が遠く離れた場所のできごとであるかぎり、たいていの人は腰を上げようとしないだろう。

気候変動が私たちを直接締めつけ始めたとき——ニュースのなかの飢饉にあえぐスーダンや洪水で壊滅したバングラデシュだけではなく、自分の住む地域や自国の経済が打撃を受けているのだと知ったとき、私たちはやっとほんとうに注意を向け始める。最も深刻な影響が現れるのはまだ何年か先だということもあって、重大な事態を防ぐだけの時間はまだ十分にあると、私たちは自分をごまかしてきた。実は、時間はもうない。

たいていの家族のように、カーボン一家も、圧力団体とのしがらみのない政府機関がそういった地球規模の問題に対処するはずだとか、科学者が技術的な解決策、つまり気候変動を解決する特効薬を見つけるはずだとか思っていた。どちらの解決法も非現実的なことに変わりはなく、そういったものを頼りにするのは、目をつぶって困難をやり過ごそうとする態度にほかならない。結局、責任はあなたやわたし、それにカーボン一家にある。わたしたちのライフスタイルとわたしたちの排出するもの、それが問題なのだ。というわけで、カーボン一家はどれくらいの温室効果ガスを出しているのか、それはどこから出ているのかを見てみよう。

カーボン夫人

ケイト・カーボンの生活は、控えめにいっても、てんやわんやの大忙しといったところだ。すでに三〇代も後半で、ふたりの息子の世話と家事の大半、犬の散歩の少なくとも三分の二と地元の旅行代理店のチームリーダーとしての仕事を、なんとかこなしている。朝はたいてい、目覚めた瞬間から、散歩をせがむ犬のぐずり声に、靴下が片方しか見つからないとぶつくさ言う夫、シリアルの箱を誰が開けるかで口げんかするジョージとヘンリーといったぐあいに、四方八方から切れ目なく助けを求められる。このつむじ風のような騒ぎの中心でケイトは次々に指示を下し、お弁当の持ち忘れとか裏返しのセーターといった最小限の被害で、どうにか全員が納まるべきところに納まる。一日のうちでも、ジョージの学校への送り迎えが、決まっていちばんストレスがたまる仕事だ。どんなにクラクションを鳴らそうと、ジョージはいつもぎりぎりになってから、八人乗りのミニバンに駆け込んでくる。置いていくよ、お小遣いを減らすよ、ベッドルームに閉じ込めるよと脅しても、まったく効果がない。家族全員が無事出かけると、ケイトはラッシュアワーの渋滞のなか、自分の職場に向かう。オフィスに着けば濃いコーヒーを片手に腰を下ろして、シャワーが熱すぎたとか冷たすぎた、ホテルがビーチから遠すぎた、英語を流暢に話さないドイツ人がいて不便な思いをした、と不平たらたらのお客をなだめるといういつもの仕事にとりかかる。夕方は夕方で、ケイトのてんやわんやぶりはほんの少しましになるだけだ。放課後のクラブ活動のためにまた子供たちの送り迎えをしなくてはならないし、夕食も作って食べさせなければならない。宿題をいつやるか、テレビをどれだけ見ていいかをめぐる攻防も毎度のことだ。

　週末には、できるだけ多くの時間を庭で過ごす。自慢の庭で過ごすひとときは楽しい。茶色い草やイバラがのさばっていた瘠せ地を、何年もかけて、豊かな色彩と虫の羽音のあふれる楽園にしたのだ。一角をハーブや野菜の栽培にあて、夏じゅう、家族に新鮮なサラダを食べさせられるようにしてある。いつも何かしらしなければならないことがあるが、庭仕事に飽きた息子たちや夫、ラブラドル犬からの手伝いはいっさいない。それでも、ちょくちょく訪ねてくる義母のカーボンおばあちゃんの助けもあって、草ぼうぼうになったり花を枯らしたりといった事態にはならずにすんでいる。

ケイト・カーボンの気候への影響は、もっぱら車の運転によるものである。学校への送り迎え、職場への行き帰りのノロノロ運転、おびただしい回数の食料買いだしなどを総合すると、毎年六トン以上の温室効果ガスに匹敵する。ただし、家族の食べる野菜をいくらか育てているので、その輸送に関連して排出されるはずの分だけ、差し引かれる。

カーボン氏

ジョン・カーボンは、自分の家族や持ち家、自分の働きのおかげで家族が享受している暮らしぶりをおおいに誇りにしている。これまでは必死に働いてこなければならなかった。とりわけ、小さな赤ん坊がいて夫婦の片方に不安定な勤め口があるだけで、ようやくローンの返済ができるくらいの収入しかないころはたいへんだった。ジョンはいまでもオフィスで長時間仕事をし、もっと高い地位への昇進をめざしている。しかし、いまでは給料もかなりいいし、誰かに仕事を持っていかれるのではという心配なしに休暇も取れるようになった。ジョンの一日はあわただしいシャワーで始まる。それからコーヒーを持って真新しいSUVに乗り込んで家を出ると、幹線道路をのろのろと町の中心部へ向かう車の列に加わる。勤め先は大きな保険会社で、最近ここの支店長代理になったばかりである。一年もすれば正式に支店長になれるものと踏んでいる。毎年シアトルに飛んで会社の年次総会には必ず顔を出し、なりふりかまわず人脈作りに励んだかいあって、社内の成長株という評判を得ている。

週末には、やってしまわなければならない書類仕事を少し持ち帰る。それが済むと、芝生の水やりや子供たちの送り迎え、食料品の買いだし、日曜大工といったいつもの週末の雑用が待っている。たいていはその合い間に一時間か二時間、テレビでのスポーツ観戦をなんとかねじ込み、夏ならば、近所の人たちとビールを楽しんだり、たまにはバーベキューをしたりする。

ジョンの場合も、気候への負荷を左右するのは移動である。彼の大馬力の車が排出する温室効果ガスは年に一二トンにものぼる。毎年恒例のシアトルへの飛行でさらに一トンが加わる。家庭にあっては、妻とふたりで大量の温室効果ガス排出の責めを負わなければならない。家の冷暖房の方法やいろいろな電気器具のエネルギー効率については、ふたりに責任があるからだ。

家族が増えたり、給料が上がったりするにつれ、わたしたちは誰しも同じ問題に直面する。生活が豊かになるとともに、エネルギーを豊富に使う行為を通じて温室効果ガスの排出量も増えやすくなり、いっぽうでは、エネルギーの使用を低く抑えようという経済的な動機は弱まる。子供ふたりに共働きのカーボン夫妻が気候に及ぼす影響は、仕事場へはいつもバスを使い、灯りをつけっぱなしにすることなんて思いもよらなかったあの新婚時代以来、うなぎ登りに上昇してきた。一家のエネルギー消費量はいまでは「大量消費者」の部類に入り、エネルギー消費に由来する温室効果ガス排出量は年に一三トンにも達している。育ち盛りの男の子たちに食べさせるため、食料品の購入量だけでも毎週三〇キロを超える。これらの食品の輸送による温室効果ガスだけでも年に約四・五トンになる。家と庭から出るゴミのうちリサイクルされないものは、地域の埋め立て処分場の暗い穴の底でゆっくり腐りながら、さらに一トンのガスを放出する。

ジョージ・カーボン

ジョージはもうすぐ八歳。年齢の不足分はその活力で補って余りある。カーボン家の前庭や裏庭の芝生がトランポリンや滑り台その他、ありとあらゆる種類のプラスチックのがらくたで年中飾り立てられているのは、おもに彼のせいだ。裏庭での遊びはときに母親との衝突に発展する。どうしたわけか花首がもげていたり「茎折れ病」にかかったりしたときがとくに危ない。これだけ幼いと、気候への寄与はおもに両親しだいとなる。ママのミニバンでの学校への行き帰りのドライブは、年に六〇〇キログラム以上の温室効果ガスに匹敵する。ただし、一家のこの最年少メンバーは、家の内外でのエネルギーの無駄使いによって、すでに地球に被害を与えている。パパの脅しや懇願にもかかわらず、灯りやテレビ、数え切れないほどの電池式おもちゃをしょっちゅうつけっぱなしにしているからだ。こうして浪費されたエネルギーで、毎年一二〇キログラムの温室効果ガスがさらに上積みされる。

ヘンリー・カーボン

ヘンリーは一二歳、クラスで流行しているものなら何にでもすぐに飛びつく。ある週はゲームカード集め、次の週はスケートボードといったぐあいだ。ひと月もたてば、「どうしても、どうしても必要なんだ」とせがんだスケートボードも物置でほこりをかぶり、当人はオンラインファンタジーゲームの四時間ぶっつづけプレーという偉業を達成していることだろう。彼の部屋は一見、宇宙船の地上管制センターのようだ。テレビ、ステレオ、パソコン、携帯電話、モデムなどが、昼も夜も勝手にチカチカ光ったりブーンとうなったりしている。

弟同様にヘンリーも、使っていようといまいと自分の装置類を日常的につけっぱなしにしていて、それが年に一六〇キログラムの温室効果ガス排出に相当する。そのうえ、暗黒大魔王Tシャツという軽装で少しでも肌寒さを感じようものなら、すぐに自分の部屋の電気ヒーターをつけるくせがある。こうして毎日二時間ヒーターをつけるせいで、温室効果ガスはさらに毎年七〇〇キログラム上積みされる。

さいわい学校へはバスで通うと決めているので（ゲームカードを交換する時間がよけいに取れるため）、母親の車で通うのに比べて、温室効果ガスを〇・五トン以上節約できる。カード集めのプロを学校に送り迎えするにも、バスならひとりにつき年にたった五三キログラムの排出ですむからだ。

モリー

モリーはカーボン家のラブラドル犬である。九歳の彼女にはソックス愛好癖があり、家族の誰も、ちゃんと左右揃ったソックスを一足以上持つというぜいたくは許されない（しかもその一足も例外なく穴あきである）。モリーの気候への影響は、カーボン夫妻にすべての責任がある。モリーお気に入りの散歩場所に車で連れて行くかどうかにかかっているからだ。たいていは連れて行くことになる。いい場所はどこも、歩いて行くには遠すぎるか危険すぎる。

ミニバンで（新車のSUVに泥まみれのラブラドルなんてとんでもない）片道平均六キロほどのドライブになるが、この車はキロあたり三〇〇グラムの温室効果ガスを吐き出すので、一回行ってくるたびに約四キログラムの排出になる。こういう散歩を、照ろうが降ろうが年間を通じて毎日二回すれば、モリーの年間排出量は三トン近くまで膨れ上がる。

カーボンおばあちゃん

おばあちゃんはカーボン一家の住まいから車で南に三〇分ほどのところに暮らしている。もう四〇年以上も住んでいるだだっ広い大きな家には、どんな小さな片隅にも、幸せな思い出が宿っている。大部分はカーボンおじいちゃんが自分の手で建てたもので、その当時まわりはまだ原っぱで、家の前の渋滞の激しい道路も泥の小道にすぎなかった。まだ若かったカーボンおばあちゃんとおじいちゃんは、ローンの返済のためにせっせと働いた。週末の時間はすべて、ペンキを塗ったり、飾りつけたり、さらなる改装計画を立てたりするのに費やしたものだった。息子のジョンはこの家で生まれ育ち、ケイトとの結婚披露宴はここの庭で行なわれた。八年前にカーボンおじいちゃんが急死して以来、おばあちゃんはひとりでこの家に住んでいる——といっても、ずっと家にいるわけではなく、何かの資金集めの催しに出たり、ゴルフをしたり、孫の世話を手伝ったりと、毎日のように外出している。

おじいちゃんが死んだとき、おばあちゃんは夫の誇りであり喜びであったもの——ガソリンをがぶ飲みする一九六八年製のクラシックカー——を、派手な黄色のハッチバックに取り替えた。その車で、おばあちゃんは年に九〇〇〇キロ近くを走破する。この新しい車は年に二トンの温室効果ガスを排出するが、二倍もガソリンを食ううえに街中で駐車しようとすれば豚並みに扱いにくかった前の車に比べれば、格段の進歩といえる。

おばあちゃんは毎年イースターの時期に飛行機でオレゴン州ビーヴァートンの妹を訪ねるので、年間の温室効果ガス排出量はさらに一トン上積みされる。おじいちゃんがいなくなってからは家でのエネルギー消費は「低」所得層なみにまで落ち込んでおり、年間の排出量は五トンに相当する。住み慣れた家も、近ごろは広すぎると感じるようになり、もっと現代風でこぢんまりした老人向けアパートに移ることを考えている。

息子とその嫁はリサイクルだの「環境」だのといったことがらをことあるごとに口にするが、カーボンおばあちゃんとしては、そうした左翼っぽい考えに耳を貸す気はない。もちろんおばあちゃんだって、若かりし頃のもっと涼しかった夏の日々を恋しく思いはするものの、戦時中のきゅうくつな倹約生活はもうまっぴらだ。というわけで、おばあちゃんの温室効果ガス排出量は毎年総計一〇トンとなり、裏庭のリサイクルボックスに溜まるのは枯葉と雨水ばかりとなる。

＊　＊　＊

さて話は戻ってケイトとジョンの家。おばあちゃんと違って「できることはやっている」この家では、気候への影響に関してどの程度の成果があがっているのだろうか？　まず、好ましいところから見ていこう。新聞や段ボールはほとんどリサイクルに出しているので、年に約四〇〇キログラムの温室効果ガスを節約できている。ガラスびんと缶もすべてリサイクルしているので、さらに年間三〇〇キログラムをカットできる。家族の食卓をまかなえるくらいのサラダ菜や根菜をケイトが庭で育てているので、そういった食品の生産と輸送に伴う三〇〇キログラムの温室効果ガス排出も防ぐことができる。ジョンはすでに省エネタイプの電球を三個取りつけずみで、今後家中の電球を取り替えようと考えており、これによって二二五キログラムの温室効果ガスが削減されるはずなので、一家の総合的な削減量は一二〇〇キログラムちょっとくらいになる。

好ましくない面としては、一家の移動にともなう排出量が挙げられる。大馬力エンジン搭載の二台の車が年に計一八トンの温室効果ガスを吐き出す。それに夏期休暇のこともある。この六年間、一家は揃って（ペットホテルに預けられるモリーは別）ジェット機でメキシコのカンクンに飛び、毎年同じ自炊施設に二週間滞在して、泳いだり日光浴をしたりしている。一キロ飛ぶごとにひとりあたり一五〇グラムの温室効果ガスを排出するので、カンクンまでの往復でめいめいが四〇〇キログラムずつ上積みになる。さらにジョンのシアトルへの年次総会旅行を加えれば、一家は空の旅で年に二・五トン以上の温室効果ガスを作り出していることになる。

総合すれば、移動に関連した温室効果ガスが二〇・五トン、家庭でのエネルギー使用によるものが一三トン、食糧関連が四・五トン、ゴミから発生するものが一トンとなる。つまり、「できることはしている」カーボン家は毎年三九トンの温室効果ガスを大気中に吐き出していることになる――彼らの家をたっぷり四〇回も満たせるほどの量である。

ということで、カーボン一家はたしかに温室効果ガスの排出を減らしてはいるが、その量はわずか三パーセント。拍子抜けするほど少ない。科学者が主張する六〇パーセントはいうまでもなく、政治家たちが決めた京都議定書の五・二パーセントという目標にさえ達していない。環境にやさしい生活をしているとばかり思っていた一家にとっては、かなりショックな数字だ。ほんとうに必要とされるほどライフスタイルを変えようと思うなら、二週間に一度の回収用に新聞をよりわけておくくらいではすまない。もう一歩踏み出す必要がある。

＊　＊　＊

カーボン一家が住むアメリカ南東部は、この数十年、好景気に沸いてきた。国内で生産される食糧の四分の一近くと木材の半分がこの地域の産である。一九七〇年代以降、人口は三割以上増えたが、そのほとんどは海岸沿いの新しい家に移ってきた人たちだった。この地域に住む何十万、いや何百万もの人々にとって、気候変動は住まいや働き口ばかりでなく、命までもおびやかす現実の脅威である。

南東部諸州の夏の気温は、二一〇〇年にはいまより摂氏一〇度以上も高くなっていると予想されるが、これは国内のどこよりも急激な上昇である。そのような大幅な上昇は、この地域の人々、とりわけ小児や高齢者、貧しい人には打撃となる。気温が高くなれば、費用のかさむ冷房設備を持てない人たちや、高温によるストレスに対して抵抗力の弱い人たちの命の危険も増す。たとえばジョージア州アトランタでは、七月の陽射しの強い日の気温が今世紀中にも摂氏五四度に達する可能性がある。これは頑健そのものの木こりでさえどうにかなりそうなほどの酷暑で、まして生まれたての赤ん坊や、寝たきりのおじいちゃんに耐えられるわけがない。

幸運にもエアコンのある家庭や施設では長時間フル稼働させるようになる。その莫大なエネルギー需要によって、発電所による大気汚染がいっそう悪化し、低層オゾンや粒子状物質による呼吸器疾患が増える。全体的に見て、これはアメリカ南東部のあののんびりした夏の理想的なお膳立てとはとてもいえない。

もうひとつ、洪水も大きな心配の種である。すでにアメリカ南東部での自然災害による死亡のおもな原因となっており、アメリカ全体では毎年約一〇〇人が洪水で命を落としている。海面は一九世紀半ば以来三〇センチ近くも上昇し、予想モデルによれば二一〇〇年にはさらに九〇センチもしくはそれ以上高くなっているだろうという。四〇万ヘクタールほどの湿地が前世紀に姿を消しているし、海水がじわじわと内陸に浸入して樹木を枯らしていくにつれ、海岸沿いの何百ヘクタールもの森林が破壊された。

潮位の上昇と土地開発とがあいまって、ここ何十年かですでに沿岸の塩性湿地の一万三〇〇〇ヘクタールが失われたが、これらの湿地は海水の浸食や洪水から陸地を守る天然の緩衝地帯だった。海面が上昇するにつれ、この天然の防壁もさらに失われ、ずっと内陸部の町にまで、洪水の脅威が広がるだろう。この地域では雨量も今世紀末までに二五パーセントほど増えると予想されており、洪水の危険はますます高まる。

水質についても、気候変動による悪化が懸念される。海岸近くでは水道水に海水が混入しやすくなり、また水温が高まれば水中の酸素量が減るので、魚などの水生生物が被害を受ける。豪雨後の鉄砲水は下水や腐乱死体、化学薬品、燃料などによる飲料水の汚染をもたらす。ノースカロライナは一九九九年にまさにそのような災難にみまわれている。

こういった気候変動の余波による経済的損失は、今後ますます増えていくだろう。アメリカ南東部での気象災害のつけは、この二〇年で八五〇億ドルにも達している——一九九八年の熱波と旱魃だけでも、六〇億ドルの損失と二〇〇〇人の死者をもたらした。

今世紀中に、穀物の収量は一部の地域では増えるがほかでは減り、とくにメキシコ湾沿岸では落ち込むと予想される。大豆農家のなかにはすでに八〇パーセントも収穫が減ったところがある。いっぽう、灌漑によって小麦を育てている農家の収量は二〇九〇年には、いまより二〇パーセント多くなっているかもしれない。大気中の二酸化炭素濃度が高くなれば、南東部地域での樹木の生長は促進されるだろう。予想モデルによれば、今後一〇〇年でパイン材の生産量は一〇パーセント、広葉樹材の生産量は二五パーセント増えるという。とはいえ、汗水垂らして働く木こりには明るいニュースばかりかというと、そうでもない。塩水による森林破壊に加え、土壌の乾燥と山火事の多発（夏期気温の上昇に原因がある）によって、二一〇〇年には、広大な森林面積の多くがおそらく草原に変わっていることだろう。

カーボン家の住まいは海岸から一六〇キロ離れており、海面からゆうに一三〇メートルは高いところにある。けれども、今後はますます激しい暴風雨が予想されるため、地元の川にも氾濫の危険が出てきた。保険業という仕事の性質上、ジョン・カーボンはその危険性を十二分に承知している。科学的分析に基づくアラバマ州の最新の洪水危険度予測が公表されてからというもの、自宅の保険料自体が急騰しているうえ、いいお客になってくれそうな人たちに向かって、お宅は海岸から三〇キロ以内なので保険は無理ですと、毎日のように告げなくてはならないのだ。

カーボンおばあちゃんはこの一〇年で五、六回も水の汚染に悩まされており、そのたびに、またたくまに底をつく近所のスーパーの瓶詰め水に頼らなくてはならない。ジョンは昨年の夏に家中の空調設備をグレードアップしなければならなかった。これまでの設備はこれほど長時間のフル稼働には対応できず、とうとう完全に闘いを放棄してしまったのだ。その結果、まる二日というもの、べとつく暑さに耐えながら、なんとか新しいエアコンを取りつけてもらおうと販売店をせっつくはめになった。販売店のほうも、郡全域でほかに何百という似たような要請を抱えていたのである。

夏期気温の上昇はカーボン家の休暇にも影響を及ぼすだろう。気候変動による影響の予想モデルはおもに先進国向けのものではあるが、メキシコが甚大な影響をこうむるのは明らかである。夏の熱波がいっそう激しさを増し、おもに心臓病と呼吸器系の病気による死者が増えると予想される。エアコンは一般に普及しておらず、人口の密集と貧弱な医療体制もあいまって、事態はさらに悪化する。最悪なのは、メキシコシティをはじめとする、人口過密で大気汚染のひどい大都市部だろう。都市ではいわゆる「ヒートアイランド」現象が起こる。道路やビルが熱を吸収して溜め込み、夜間でも周囲の田園地帯より気温が数度高いままになるのだ。全般的な気温上昇にこの効果が加わって、今世紀中にメキシコシティの平均気温を摂氏五度押し上げる可能性がある。さらに、水の需要が増すのに対して利用できる量は落ち込んでいくことから、メキシコ全域で水不足が深刻になるだろう。これらがすべて合わされば、人間の健康にとって大惨事となりかねない状況が生まれる。

いまは毎年一八〇〇万人前後のアメリカ国民がメキシコで休暇を楽しむ。夏の気温が高くなりすぎれば、カーボン一家同様、これらの観光客も大挙してメキシコから逃げ出し始めるだろう。そのようなことになれば、メキシコの脆弱（ぜいじゃく）な経済はひとたまりもない。気候変動に対処するための莫大な費用を考えればなおさらである。

アメリカ南東部に住むカーボン一家とその隣人たちが直面している脅威は、彼らだけのものではない。世界のいたるところで、同じような状況が生まれる。はるかに深刻な事態に直面するところもあれば、それほど心配のいらないところもあるだろう。地球全体の気象系はきわめて複雑なので、温暖化の影響の精確な予想はむずかしいことが多い。ある効果が別の効果を引き起こし、連鎖反応のように次々に問題が起こることもある。かと思えば、ある効果が別の効果を打ち消してしまう場合もある。地球全体の蒸発散サイクルは速まると予想される。つまり、一般に雨の量は増えるが、水の蒸発速度も上がる——その結果、作物の生長期に土壌の水分が不足して、いたるところで穀物の不作と飢饉の起こる可能性がある。

最大風速が増して、ハリケーンのような極端な気象がもっとひんぱんに起こるかもしれない。熱膨張や南極の棚氷（たなごおり）の崩落によって海面が上昇する結果、大規模な移住が起こったり、広大な面積の農地が失われたりする。沿岸の低地や島のなかには、完全に姿を消すところも出てくるだろう。南太平洋のツバルやバングラデシュのスンダルバンス・デルタのようなところである。地球の平均海面は過去一〇〇年ですでに一五センチほど上昇しているが、地球温暖化のせいで、今後三〇年でさらに一八センチ上がると予想される。このままいけば、二一〇〇年には八八センチも高くなっているかもしれない。

最も深刻な影響を受けそうなのは、世界でもいちばん貧しい国々——人間が作り出した気候変動にはいちばん責任がないと思われる国々である。多くの地域が洪水や異常気象、害虫などのせいで巨大な面積の農地を失い、前例のない規模の飢餓にみまわれるだろう。きれいな水がますます足りなくなり、公衆衛生の不備やパンク寸前の医療体制、栄養不良も重なって、伝染病の発生にはうってつけの環境となる。

拡大する砂漠、猛烈な嵐、洪水、飢餓のために何百万という人の移動が起こって、社会不安が増し、移民制度への風当たりが強まるだろう。熱帯病が新たな地域に広がると予想される。たとえばマラリアの伝播可能地帯はいまは世界人口の四五パーセントほどが住む地域に相当するが、二〇五〇年にはそれが六〇パーセントになっているかもしれない。また、気候変動は世界中の生態系や野生生物に甚大な影響を及ぼすと考えられる。温暖化の予測シナリオでは、二〇五〇年までに陸上の全生物種の三分の一が絶滅しているだろうという。

*　*　*

毛むくじゃらの最初の原人が火をおこし始めるずっと前から、地球の大気にはすでに温室効果ガスが含まれ、十分に「温室効果」を発揮していた。温室のガラス屋根が日光を通しながら、外へ逃げようとする反射熱の相当量を閉じ込めるように、地球の大気も太陽の光を地面まで射しこませながら、地球表面から宇宙へと戻される輻射熱の一部をつかまえる。

窓の外を見てみよう。運がよければ、太陽が輝き、鳥が歌っているかもしれない。お宅の私道やまだらの芝生から隣家の車や目新しい毒キノコ型の庭飾りまで、あなたの目に映るすべてのものが、エネルギーを宇宙に投げ返している。こうして大気中に跳ね返されるエネルギーの量は、

図1　せっせと二酸化炭素を取り込んでいるチリマツ

太陽から来る量と釣り合いがとれていなければならない。温室効果ガスがエネルギーの一部をつかまえ、来る量よりも少ない量しか出て行けなければ、地球の温度は上がり始める。これが地球温暖化である。

　この温暖化がなければ、地上の平均気温はわたしたちにとって快適な摂氏一五度ではなく、凍えるようなマイナス摂氏一八度という温度になることだろう。ただ、地球を何千年も暖かくくるんでくれた温室効果ガスという毛布が、人の手によって大量に追加され続けていることが大きな問題なのだ。大気中のさまざまな温室効果ガスの量の記録を見ると、どのグラフも同じような傾向を示す。何千年もぐずぐずと低迷していたのが、一八世紀末から一九世紀初めにかけて上昇し始め、天井知らずの好景気のときの株価のように、最初はゆっくり、そしてだんだん速度を増しながら上がっている。産業革命の到来とともに、化石燃料が大量に燃やされるようになったからである。二酸化炭素量は三〇パーセント近く増え、いっぽうメタン——水田や埋め立てゴミ、牛のげっぷから出る温室効果ガス——は一八〇〇年以前の濃度の二倍以上に跳ね上がった。このまま行けば、大気中のこれらの温室効果ガスは、あなたやわたしがこの世を去ったずっとあとまで増え続ける。たとえば二酸化炭素濃度は二一〇〇年には二倍以上になっていると考えられる。その結果、地球の温度は二度から五度上昇するはずで、二〇世紀中にすでに約〇・五度高くなっている。わたしたちみなをおびやかしているのはこの温暖化と、それが地球の気候にもたらす壊滅的な打撃なのである。

では、ここで重要な役割を演じている主役たち、つまり温室効果ガスそのものを少し詳しく見てみよう。二酸化炭素とメタンがともに代表格であることはもちろんだが、ほかにも四つ、やはり地球規模で懸念の対象となっていて、規制の必要ありと政治家が認めたものがある。ひとつめは、一般に笑気ガスとして知られている亜酸化窒素であり、おもに化学肥料や家畜用飼料から発生する。残りの三つは、舌を嚙みそうな名前のハイドロフルオロカーボン（HFC）とパーフルオロカーボン（PFC）、それに六フッ化イオウ（SF6）と呼ばれるものである。この三つは完全に人工的な化合物で、冷蔵庫の冷却剤やスプレー用高圧ガスに使われている。皮肉なことにHFCは、オゾン層を破壊するフロン（クロロフルオロカーボン＝CFC）の代替物として導入されたものである（以前はフロンが冷却剤やヘアスプレーガスとして使われていた）。これらのガスを合わせたものがいわゆる「六ガスバスケット」で、それぞれが地球の気候にとって脅威となるうえ、すべて、部分的にまたは完全に人間の手で作り出されたものである（水蒸気も強力な温室効果ガスだが、わたしたちはおもにほかのガスの排出を通じて水蒸気に影響を及ぼすだけなので、温室効果ガス「バスケット」からは除外される)。

同じ温室効果ガスでも、あるものはほかのものよりも、地球から放射される熱をよく吸収する。温室効果ガスとしていちばん有名な二酸化炭素は、熱をつかまえる能力は実はいちばんではない。ほかのものより濃度が高いので、結果として地球温暖化に大きな役割を演じるのである。それにひきかえHFCは、量は微々たるものだが、地球の放射する熱をつかまえることにかけては、分子ひとつひとつが二酸化炭素の何千倍もの力を発揮する。

さて、空を見上げてみよう。地球から放射されたエネルギーが、目には見えないけれども、宇宙へと絶え間なく戻っていくところを想像してもらいたい。大気中を昇っていくそれらのエネルギーの多くは宇宙の冷たい真空のなかに戻るが、温室効果ガスと遭遇したものは、それとは異なる旅路をたどることになる。トロール漁のようなものだと思えばいい。地球から放射されるエネルギーは冷たい宇宙に向かって逃げていく魚の群れ、大気中の温室効果ガスは空一面に広げられた巨大な網である。二酸化炭素の網がいちばん大きいけれども目が粗く、ほとんどの魚はすり抜けてしまう。メタンや亜酸化窒素、その他のガスは、網はずっと小さいけれど目はこまかいので、はるばる昇ってきてかなりへばりぎみの魚を、やすやすと捕らえることができる。たとえばメタンの網は二酸化炭素の二〇倍も密だし、亜酸化窒素に至っては三〇〇倍と、まるでシルクストッキングなみのこまかさだ。さらにこのたとえを続ければ、人類が二〇世紀に二酸化炭素を初めとする温室効果ガスをせっせと排出したおかげで、大気中のトロール漁船はますます大きな網と目のこまかい網を持つようになり、漁獲高は日に日に増している。

＊　＊　＊

温室効果ガスの排出量が増して地球の温度が上がり、いっそう悲観的な予測がなされるようになるにつれ、国連傘下の国際社会もようやく目覚め始めた。一九八八年、人類によってもたらされた気候変動の危険性を見積もるため、気候変動に関する政府間パネル（IPCC）が設立された。国連気候変動枠組み条約（UNFCCC）も誕生し、気候変動に対処するための総合的な考え方を提供した。それが、たとえば京都議定書に定められたような、地球温暖化と闘う国際的な試みの基礎となった。

京都議定書は、温室効果ガス排出の地球全体での削減目標を設定する目的で、一九九七年に一六〇カ国以上によって作成された。

京都議定書に盛り込まれた目標は、アメリカの七パーセント削減からアイスランドの一〇パーセント増加までさまざまである。世界全体での目標は五・二パーセントの削減だったが、科学者の一致した意見によれば、気候を安定させて壊滅的な影響を防ぐには二〇五〇年までに全体で六〇パーセントの削減が必要である。そのような削減が達成できれば、たとえば二一〇〇年のバングラデシュ沿岸の洪水を、何もしない場合に比べて九〇パーセントまで防ぐことができるだろう。六〇パーセント削減は確かにおおごとだ。これを達成するつもりなら、いますぐ、実質的な効果のあがる行動を起こす必要がある。

京都議定書の削減目標はひとつの出発点となるはずだったが、実際はそれさえないがしろにされている。世界の二大排出国であるアメリカとオーストラリアがこの議定書のささやかな目標に対してさえ署名を拒むいっぽう、署名した国々もちゃっかり抜け道を見つけて、議定書に定められた目標をますます有名無実にしようとしている。

要点を繰り返すと、世界中のおおぜいの一流科学者が、もし温室効果ガス排出を減らさなければ、わたしたちだけでなくわたしたちの子供、さらにその子供までが恐ろしい結果に苦しむことはほぼまちがいないと警告している。専門もさまざまな大物科学者たちの意見をまとめるのは猫の群れをまとめるようなものだが、こと気候変動に関するかぎり、次のような合意に達している。これを聞けば、誰でもまじめに考えないわけにはいかないだろう。

「この五〇年間に観察された温暖化のほとんどは人間の活動に原因があると思われる」

本来保守的なグループからのこの強烈な発言は二〇〇一年になされたものだが、排出はいまだに増え続けている。

公平を期すため、地球温暖化について心配する必要はないと考える科学者がいまだにいることをつけ加えておこう。六人ほどいる。この小さいけれども声高な集団は、気候は常に変動しているものであり、わたしたちが見ている温暖化は地球の温度の自然な揺らぎの結果にすぎないと主張する。一見もっともらしいが、地球がどれほど急速に温暖化しつつあるかを詳しく調べさえすれば、彼らの主張はたちまち破綻する。太陽の活動や火山、太陽との距離など、地球の気温を左右するあらゆる「自然」現象を考慮に入れたとしても、それだけではこの温暖化の説明がつかない。まだ、大きな熱源が抜けている。その正体は？　それこそ、人為的に発生した温室効果ガスなのだ。

気候変動否定論者たちが自然変動に関するたわごとをあれこれしゃべりちらすのは勝手だが、次のことは厳然たる事実である。

■ 温室効果ガスは地球を暖める。
■ 地球の気温はこの一〇〇年で摂氏〇・六度上昇した。
■ 大気中の温室効果ガスの濃度は、いまでは過去四二万年のどの時点よりも高い。
■ 産業革命以来、温室効果ガス濃度は三〇パーセント前後高くなっている。

これでも「自然な」変動？ ご冗談を。

人為的な気候変動の存在を否定し続ける研究者はほんの一握りかもしれないが、政治の世界には強力な同盟者がいる。アメリカ政府は京都議定書に反対するみずからの姿勢を弁護するにあたって、「科学的不確実性」にしばしば言及する。彼らにとっては四二万年の記録でもまだ短すぎ、不確実すぎるというわけだ。これを書いているいま、ヨーロッパ各地の研究者仲間が、南極で採取されたアイスコアを分析中である。その円柱状の氷には、大気中の温室効果ガス濃度のさらに長い記録――ほぼ一〇〇万年に及ぶ気象史が詰まっている。もっと証拠が欲しい？ いまにたっぷり見ることになるだろう。

先進国（おもに工業化の進んだ西洋諸国）には世界人口の約二〇パーセントしか住んでいないにもかかわらず、世界の資源の約八〇パーセントを使っている。不吉なことに、わたしたちが享受している石油エネルギーに依存した生活水準こそ、発展途上国の多くがなんとかして手に入れようとしているものである。途上国の何十億という人々が平均的なアメリカ国民と同じ消費と排出の水準に達したとしたら、わたしたちは気候のメルトダウンを目撃することになるだろう。一〇億を超える人口と膨大な石炭埋蔵量を持つ中国はすでに世界第二位の温室効果ガス排出国であり、アメリカを急速に追い上げつつある。

科学者がこれほど警告しているのに、気候変動に対する地球規模の有意義な対応がまだなされていないのは驚くべきことだ。京都議定書はまだ生きているが、世界の大口の排出国はもはや参加していない。とはいえ、何もかも無駄になったわけではない。世界中で多くの人々が地球温暖化と闘う自分なりの一歩を踏み出し始めているし、その数も増えている。個人個人が世界的な規模で行動を起こせば、大きな効果が期待できるはずだ。家庭生活や個人の移動による排出量は巨大なので、ひとりひとりの行動が大きな影響をもたらしうる。さらに、そのような個人のライフスタイルの変化が地域社会や企業活動、やがては政府の気候政策にまで影響を及ぼす可能性を考えれば、気候変動に対する個人の行動の重要性は明らかである。

この三〇〇年というもの、わたしたち先進国の人間は二酸化炭素やメタン、亜酸化窒素を大気中にますます大量に排出し続けながら、それが惨憺(さんたん)たる結果をもたらす可能性については何も理解していなかった。もう、知らなかったではすまされない。いまや事態は、灯りを消し、自転車を引っ張り出して、本気で「できることをしなければならない」ところまで来ている。

なぜ行動しなければならないかって？もし行動しなければ、その結果に苦しむのはあなただからだ。あなたの家族に友人、そしてなによりもあなたの子孫が苦しむことになるのは確実だからだ。わたしたちの親や祖父母の世代は、大規模な技術革新と農業や医療の躍進によって、それにふたつの大戦を戦って、わたしたち何百万もの次の世代に自由な社会での成長をもたらしたことで記憶されるだろう。それにひきかえわたしたちは「利己的な世代」として記憶される――

図2　パパ、大戦中は何をしていたの？

化石燃料に頼ったライフスタイルが将来もたらす打撃を知りながら、そのまま続けた世代として記憶されるだろう。わたしたちの子供は腹を立てるだろうし、孫たちはなおさらだろう。腹を立てて当然だ。第一次大戦に志願させるために男たちのやましさに訴えた、かつての英国陸軍省のポスターが思い出される。孫娘に「おじいちゃんたら、大きな車に乗ってたの？」と言われて、あなたもこんな顔をするはめになるかもしれない。

＊　＊　＊

そう遠くない将来——あるいはもうどこかで起こっているかもしれないが——子供たちの一団

が教室になだれ込んで席に着き、例によって裏表があって理解しにくい歴史と産業革命の授業を受けようとすると、ひとりの教師が意外なことを始める。農業近代化の父ジェスロ・タルや発明王エジソンが、わたしたちの食べるものや読書用の灯りにとってどれほど大きな意味を持つかについて熱弁をふるうかわりに、別のことを話し始めるのだ。わたしたちの祖先の啓蒙主義がもたらした、ごく最近になっての影響、つまり気候変動についてである。先生はたぶん次のように話を進めるだろう。

一八世紀の初めには、夜が仕事の仕方やライフスタイルを支配していました。十分な明るさの照明がなくて、夜はほとんど仕事ができなかったため、いつも日没が仕事を切り上げる合図となっていたのです。一七二一年に最初の「工場」が稼動を始めて、工業時代の幕開けを告げました。一八世紀後半には、蒸気機関やジェニー紡績機といった新しい技術の登場が生産方法や働き方に変化をもたらしました。さらに一八三一年になると、マイケル・ファラデーのおかげで発電が実用化され、夜の暗闇を追い払うことが大々的に可能となりました。一八世紀中に起こった働き方とライフスタイルの変化とともにやってきたのが、国家と個人両方のレベルでの、温室効果ガス排出の大きな増加です。工業化の波がヨーロッパと北アメリカに広がるにつれ、人の手による急速な地球温暖化が始まったのです。

一八世紀の急激な人口増加に伴って、消費主義の大きな高まりがやってきました。実際、一八世紀の製鉄ブームの最大の原動力は、機械部品や船体などを求める産業界の需要ではなく、むしろ、鍋やフライパン、炊事炉などの家庭用金物に対する消費者の需要だったのです。鉄をたくさん精錬するにはそれだけ多くの石炭を燃やさなければならないので、二酸化炭素の排出量も当然増えました。

一八世紀の新型の蒸気機関はそれ自体、石炭を燃料にしていましたが、さらに多くの石炭を掘り出すために坑道の水をせっせと汲み出していました。いろいろな意味で、石炭は産業革命の原動力となると同時に、わたしたちが現在経験している地球温暖化への道を開いたのです。

ひとりあたりの温室効果ガス排出は一八世紀中に急上昇しました。たとえばイギリスでは、個人の排出量が一七〇〇年にはひとりあたり年間一トン前後だったのが、一八〇〇年には三トン前後にまで増えています。一九世紀と二〇世紀には、発展の速度と排出量が手に手を取って増大しました。電灯や自動車、冷蔵庫などの登場が、この容赦ない増加にさらに拍車をかけます。蒸気機関の登場した一八世紀のベースキャンプから、便利な機械装置類の散乱する今日の高みまでは、年ごとに急勾配になる登り道が続いています。イギリスでは、ひとりあたりの温室効果ガス排出は、いまや年間一一トン前後に達していて、アメリカでは二〇トンにも上っています。

＊　　＊　　＊

では、気候への個人の影響を作り上げているのはどんなものだろうか？　カーボン一家のところで見たように、ほとんどの人にとって中心となるのは家庭での行動と、動き回るための化石燃料の燃焼である（図3）。

ライフスタイルのグラフで首位を占め、温室効果ガス排出量の半分近くにあたるのは〝移動〟という項目である。その主犯格が車。先進国の平均的家族の場合、ガソリンをがぶ飲みする大型セダンやミニバン、四輪駆動車などが気候負荷の大きな部分を占める。実際、大型車を持ちドライブ好きな人なら、それだけで地球温暖化への寄与全体の半分以上になってしまう。仕事でも遊びでもますます好まれるようになっている飛行機の使用も、ほとんどの人の排出量の大きな部分を占めるようになっている。

家庭でのエネルギー使用が次の大きな項目で、全排出量の三分の一以上に相当する。その半分近くが家の冷暖房用、続いて冷蔵庫や冷凍庫を始めとする電化製品用である。わたしたちが台所にアイスクリームメーカーや大型冷蔵庫を据えつけ、居間に大スクリーンのプラズマテレビを入

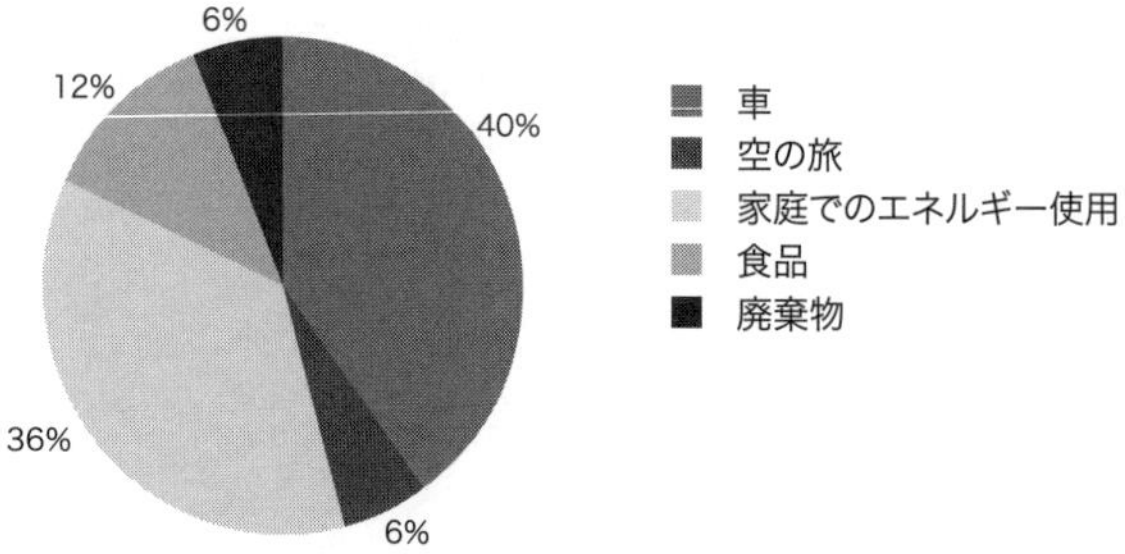

図3　あなたはどんなことで気候に影響を与えているか?

れ、棚にはシステムコンポやパソコンを組み込むにつれ、こういった電化製品関連の排出は増加の一途をたどっている。

次に来るのが給湯で、使用する燃料によって、エネルギー使用による排出の一五パーセント内外を占める。たとえばガスは、石炭を燃やす火力発電所からの電力に比べ、はるかに少量の二酸化炭素しか出さない。照明は五パーセントから一〇パーセント——敷地をこうこうと照らしておくのが好きな家では多くなる。これに炊事と洗濯を加えれば、エネルギー使用による分は完成である。

食品も、個人の温室効果ガス総排出量というパイの大きな一切れに相当する。金柑(きんかん)にレモングラス、鮭に車海老にイノシシ肉と、あらゆるものが年中手に入ることを期待するということは、平均的な買い物かごひとつ分の食品類が合わせて二四万キロも旅してきたもので、気候変動の高額な値札つきであることを意味する。これに、げっぷする牛が吐き出すメタンや、化学肥料漬けの農地から立ち昇る亜酸化窒素の瘴気(しょうき)

も加えると、食品はわたしたちが気候に及ぼす影響の一〇パーセントから二〇パーセントに責任がある。

廃棄物はわたしたちの温室効果ガス排出の五パーセントから一〇パーセントをもたらす。これはおもに、埋め立て処分場に運ばれた残飯や新聞紙が腐って分解し、強力な温室効果ガスであるメタンを発生させることによる。ただし、ゴミ箱に捨てられるシャンプーのボトルや飲み物の空き缶、爪楊枝なども、生産段階ではみなエネルギーが使われているので、やはり温室効果ガスに相当する。

ざっとこれが、わたしたちの温室効果ガスの発生源というわけだ。年に合計一〇トンから二〇トンの二酸化炭素、メタン、亜酸化窒素をほとんどの人が出しており、ジェット機で飛び回ったりSUVを運転したりするタイプならさらにかなり上乗せになる。これらの排出をほんとうに大幅に減らせるのだろうか？　六〇パーセントの削減？　高くつくのでは？　電気自動車が答えとなる？　リサイクルはまやかし？　いろいろな疑問が出てくるだろう。ではひとつひとつ見ていこう。

第2章　あちこち移動する

カーボン一家のように、ほとんどの人にとっては車と飛行機での移動が温室効果ガス排出の最大の原因であり、したがって実質的な差をもたらす大きなチャンスもここにある。困ったことにわたしたちの生活はいまではすっかり車や飛行機中心になっており、その生活習慣を変えることは、標準的な行動様式から、はずれることを意味する。つまり、人があまり利用しない道を取ることになる。地元のショッピングモールに行く道路を見てみよう。なんと歩道がない。これでは、歩いて行きたくても無理だ。ＳＵＶにぺしゃんこにされる危険を冒すのもいとわないというなら別だが。自転車にも同じことがいえる。多くの道路では、自転車で走るのは自殺行為である。すごい幸運に恵まれないかぎり（でなければスウェーデン人でないかぎり）、あなたの町にはほんの数キロの自転車道路しかないだろうし、それもたぶん割れたガラスが散乱しているか、車が駐車しているか、穴だらけかにちがいない。その全部が揃っている場合もあるだろう。町も都市も、店やオフィスも、それに家さえも、ますます車の要求に合わせて設計されるようになり、気候への悪影響がもっと少ない移動法はすっかりなおざりにされている。

図4　サイクリングの楽しみ

政治家はことあるごとに、公共交通機関を使いましょう、スピードを落としましょう、小型車に乗りましょうと呼びかけている。あまり何度も言われたため、もう慣れっこになって、誰も本気で聞こうとしない。このごろは、気候変動の影響が、夏は車内のエアコンをつけっぱなしで走るという形で現れているようだ。ボンネットの下でうなりを上げる冷却装置よりも開け放しの窓に頼る人々は、最近の夏の熱気を身をもって感じている。とはいえ、暑さは一連の影響のほんの始まりにすぎない。車の運転にはさらにいろいろな影響が出る。

どしゃぶりの雨のなか、前をゆくトラックの巻き上げる水が壁のように視界をさえぎるたび、あなたは必死にハンドルにしがみつく――そんなのはまだ生やさしいほうだ。天候に関連した偶発事故や、「道路冠水注意」といった警告も増えるだろう。気候変動は路面自体にも襲いかかる。倒木の撤去に伴う渋滞に巻き込まれなくてよかったと思ったとしても、今度は道路の補修工事に伴う渋滞が待っている。夏は路面が溶けるし、冬はひび割れ、あるいはそれらが重なって、陥没したりぼろぼろになったりするからだ。自分で車を運転することが、移動するための効率的で安全で迅速な方法だと考えているなら、さらに悪いニュースがある。それはきわめて高価な方法にもなろうとしているのだ。原油が底をつくにつれ、ガソリン価格が上がる。補修費をまかなうために道路税が引き上げられ、増加する事故をカバーするために保険料も上がる。さらに、もし政府に思いきった策を講じるだけの度胸があるなら、ドライバーは温室効果ガス排出に関するあの手この手の課税に直面することになるだろう。

とはいうものの、移動に原因のある排出を減らすにあたって、政府による上からの施策に頼ろうとすれば、実施までに長いこと待たなければならないだろう。たしかに、おもに車による個人の道路移動が世界的に温室効果ガスの大きな原因となっているのだが、運転中毒の抑制は政治的に見て扱いにくい問題であることがわかっている。アメリカの車の数はそれを運転する人の数より多い。一家に平均一・八人のドライバーがいて、一・九台の車があるのだ。アメリカだけで二億台以上の自家用車がある勘定になる。一列に並べれば地球を二〇周以上できる。その五分の一以上がＳＵＶ、さらに五分の一がトラック、つまりエンジンが大きく排気量も大きい車だ。平均的なアメリカ車はガソリン一リットルあたり約七キロ――最悪の四輪駆動車は一リットルわずか一・六キロ――しか走らず、総計するとアメリカでは人の移動によって毎年二〇億トン近くの温室効果ガスを発生させている。これは、中国（人口はアメリカの四倍）を除き、世界のどの国の総排出量よりも大きい。アメリカ人は平均して毎日四回、車で出かけ、その総キロ数は六五キロにのぼる。アメリカのドライバー全員を合わせれば、毎日約一七五億キロとなる。

このような傾向は世界中いたるところで見られる。いまではイギリスの緑豊かな路地にも、映画俳優のマイケル・ケインばりのハンサムが運転する機敏なミニより、四輪駆動車やミニバンが多く乗り入れるようになっている。パリのにぎやかな通りには、かつてはコンパクトなルノーやシトロエンのクラクションが鳴り響いていたものだが、いまやテキサスのハイウェイで見かけるのと同じばかでかい四輪駆動車が群れをなしている。温室効果ガスについては眠れる巨人のアジアは、大衆による車の所有とアメリカ式のライフスタイルを求める野心に目覚めつつある。これは由々しき事態だ。インドには一〇億以上、中国には一三億の人々がいる。それが全員車を運転し始めたら……。

車が地球環境にとってどんなによくないかを話題にすると、ほとんどのドライバーは、公共交通機関は貧弱か全然ないかのどちらかだ、まず政府が十分に受け皿となりうる代替移動手段を提供すべきだと反論する。しかし、事態は緊急を要する。気候変動全般に対する断固たる行動を政治家が起こすのをのんびり待っている余裕はないように、ぴかぴかの新しいバス停が家の前にでき、三〇分おきにオフィスへ運んでくれる信頼できるサービスが提供されるのを待つ余裕もない。ではどうしたらいいか？　わたしとしては、車を運転する人たちがいかに資源を無駄使いする有害な生き方をしているかを口をきわめて非難し、化石燃料を使わない社会、わたしたちの子供がより健康で安全に暮らすことができ、よろいかぶとに身を固めなくても自転車で仕事に行くことができる社会への切り替えを強く求めることもできる。数字、つまりわたしたちが排出している温室効果ガスの量と予想される結果、をじっくり見れば、つい、そういった過激な態度にも出たくなる。けれども、現実を見よう。もしわたしがここで、運転はすべきでなく飛行機にも乗るべきでなく、したがって国外での休暇など問題外だと単に説くだけだったなら、あなたはそれが自分の生活にとって何を意味するかをチラッと思い浮かべただけでこの本をベッド脇に放りだし、「寝ながら学ぶエスペラント語」のテープを取り出すにちがいない。

温室効果ガス排出を減らすには、ほかのあらゆる中毒の場合同様、自覚と意志の力が必要である。あなたは喫煙者で、タバコが大好きだけれど、このまま行けばたぶんタバコに殺されると知っている。そこで、タバコをやめたいと思う。日に二〇本のヘビースモーカーがたった一晩で完全にタバコを断ち、禁断症状でうわごとを口走るというのは、万人に好まれる方法とはいえない。それに長い目で見ればうまくいかないことが多い。そんな過激なことをせずに、もっと徐々に本数を減らしていけばいい。禁煙ガムを噛み、ニコチンパッチを貼り、パブを避けて、助けになりそうなことは何でもしてみる。するとある日、目覚めて最初に考えるのがタバコのことではないという日が来て、自分はやり遂げたのだと気づく。

ライフスタイルの変更のなかには、とてもささいで、なんの関係もないように思われるものがあるかもしれない。たしかに、それだけではたいした意味はない。しかしそれらはあの最初のニコチンパッチのようなもの、ひとつのスタートなのだ。いま現在わたしたちは、きわめて限られた公共交通機関しかない、車に支配された文化のなかに生きている。ほとんどの人にとって、車をあっさりと完全にあきらめることはとてもむずかしい。禁断症状に苦しむヘビースモーカー同様、一夜で車中毒を断つことができると思うのは現実離れした考え方だ。ためしに、土砂降りの雨の中、三人の子供とたくさんのショッピングバッグを引きずるようにして帰宅する母親に向かって、地球のために自分にできることをしているあなたはエライと言ってみるといい。いちばん近いバス停から家まで一マイルも歩いてくたくたの母親に、そんなことが言えるだろうか？

信頼がおけ、運賃が手頃でしかも便利な公共交通機関は、気候変動と闘ううえで、また渋滞を緩和するうえで不可欠である。しかしアメリカを例に取ると、公共交通機関は日に何十億キロという移動距離のわずか一パーセントしか、カバーしていない。カナダやイギリス、オーストラリアでも似たようなもので、公共交通機関は低迷し、車の使用は伸び続けている。

バスや列車の路線が廃止されるたびに、車を持たない人々は仕事や買い物、学校に行くのがたいへんになる。わたしたちの毎日は多忙で、車にさっと乗り込める便利さを手放すのはむずかしい。車がなければ、バス停までとぼとぼ歩いて、風が吹き込むうえ、よりにもよってシェルターなんていう不吉な呼び名の待合所で、BMVの最新モデルの広告を眺めて二〇分も立ちんぼうをしながら、紐につないだフェレットを連れたかなり目障りな男性からの凝視を無視しようと努力するはめになる。結局、公共交通機関の利用者もがまんの限界に達して車を持つようになり、バスや列車の運行会社はますますお客と運賃収入を失って、サービスを維持する資金も先細りになる。そこで、さらなる合理化を敢行する。この縮小いっぽうの堂々巡りの行き着く先が、誰も乗っていない（例のフェレット男は別として）か、さもなければぎゅうぎゅう詰めのバスや列車がごくたまに走り、道路はクラクションを鳴らしあうマイカーで大渋滞という現状なのである。

この悪循環を断ち切るには、上から（政府）の行動と下から（あなたとわたし）の行動が必要である。政府は公共交通機関に助成金を出し、望むときに望むところへ連れて行ってくれるすぐれた交通網を確保しなければならない。そしてあなたとわたしはそれを使わなければならない。ジョージ・カーボンは、母親の車での送り迎えよりスクールバスを利用すると決めたおかげで、温暖化への寄与を大幅に減らすことができた。同じことが、わたしたちみなにあてはまる。もし幸運にも仕事場へのバスや列車、路面電車の路線がまだあるなら、それを利用することで年間の排出を何トンもカットできる。正確な削減量は具体的な利用状況によって異なるが、とにかく削減できることはたしかだ。

毎日の平均的な通勤距離、たとえば往復で三〇キロの場合を例にとってみよう。あなたのピカピカの大型セダンは私道に停まっていて、CDプレーヤーにはアバのヒット曲集がセットされている。雨になりそうだ。運転には心をそそられるが、道路は渋滞、駐車場所探しは悪夢、そして列車の駅までは歩いてほんの五分だ。車を使うかわりに、傘をつかんでのんびり歩いて列車をつかまえれば、毎日七キログラムの温室効果ガス排出を減らせる。これを一年続ければ一・五トンという膨大な量の温室効果ガスの大気中への排出を防ぎ、列車の運行サービス水準の維持を助けることになる。はた迷惑なアバ中毒さえ克服できるかもしれない。

そういった変更はすぐに目に見える成果として現れる。二〇〇三年にロンドンは、市内への車の乗り入れを抑えて公共交通機関の利用を促進しようと、渋滞税を導入した。その結果、約二万九〇〇〇人が車を降りて、ロンドンの公共交通、おもに増強されたバス路線に乗り換えた。課税ゾーンでは移動に関連した温室効果ガス排出が二〇パーセントも下がり、ロンドンは住むにも働くにもより快適な場所となった。これを見たほかの多くの市も、全能のように見える車に実際に挑戦して勝つことができるのだと悟ったのだった。

渋滞税のほかにも、行政当局にできることはたくさんある。温室効果ガス排出を削減しようというわたしたちの努力をじゃまするより、むしろ助けになるような施策を講じてほしい。たとえば、世界中の都市計画課は、新しいビルが建つときには必ず歩道を設けさせ、また町や市には自転車専用レーンがあってあたりまえというふうにさせることができるはずだ。真新しいオフィスブロックごとに設けた一万坪の駐車場に緑を少々添えることでどれほど雰囲気を「やわらげる」ことができるかを、多大な時間を費やして得意気に説明する建築家を雇うような余裕があるなら、そのオフィス群に行くには公共交通機関をどう使ったらいいかを教えてくれる詳しいパンフレットを作ることでも考えたほうがいい。

＊　＊　＊

列車が割高で遅く、バスの本数が少なく乗り心地が悪くて不便なかぎり、わたしたちは出がけにキーをつかんで完璧な乗り心地の輸送用カプセルを発進させ、またぞろアバの「ダンシングクイーン」に身を任せることをやめないだろう。がちがちの環境保護論者はたとえどんな名目であれ車の使用には拒否反応を示すものだが、それも当然とみなされる日が、もうすぐそこまで来ている。しかしそのときわたしたちの多くには、代替交通手段のお粗末な実態というまずまずの言い訳が少なくともあるわけだ。

というわけで、いまのところはあなたも、自分専用の四輪のまゆを使い続けるつもりだと思う。そのなかであなたは好みの音楽を流し、自分にいちばん快適な温度に設定して、循環された自分の息を吸いたいわけだ。それもいいだろう。けれども、そういったことすべては、戦車も動かすほどのパワーを持ち、あなたが向かうオフィスブロックを満たすほどの温室効果ガスを毎年吐き出す大きなエンジンなしでもできる。車のエンジン効率が平均して一リットルあたり約七キロから、それほど悪くない一四キロにまで高まれば、アメリカの排出量は五億トンも減るだろう。これは車の数を減らさなくても、あるいはドライバーの快適さを奪わなくても可能だ。ただし、行く先々で二台分の駐車スペースを占拠しなくては気がすまないとか、はしごを使わないで車に乗り込むなんて我慢できないというのでは、話にならないが。

ジョン・カーボンはまさにこの問題に直面している。彼の四輪駆動車は彼の誇りであり喜びである（というより、だったというべきか）。価格はほぼ給料一年分だが、いろいろなオプションを入れれば到底それではすまなかった。この車を日曜ごとに洗ってクローム部分を磨き上げ、仕事の行き帰りに乗り回すのが楽しみだったが、近ごろ気候変動のことがますます心配になってくるにつれ、その楽しみも半減しつつある。いまでは、エアコンをつけようとしてスイッチに手を伸ばすたびにシートで落ち着かなげに身じろぎして、ラジオの音量を上げる。ジョンにとって、車は地位と権力の象徴から無知と利己心のしるしへと変貌しつつある。もう何年も、ウォータークーラーの周りにたむろしては車の話で盛り上がり、ガソリンの値段に不平をこぼしてきたものだった。SUVの購入に先立つ数か月などは、いろいろなエンジンサイズや最高速度、さらには出回っている車体の色まで、専門家なみの知識を仕入れた。新しい車の高いシートに座ってキーをひねればエンジンが咆哮をあげ、ラジオからはエリック・クラプトンが流れる。それはどんな感じだろうと、千回も想像した。車で走るたびにほかの車種を注意深く観察しては、それぞれの利点に称賛の念を抱いたものだ。いまではその同じ車が、ますますばかばかしく見える。今朝のラジオでまた南岸沿いの洪水の被害のニュースが流れていて、ジョンは前を行く巨大な四輪駆動車を思わずののしりそうになった。いま車を運転していて自己満足を感じられるのは、このごろますます数が増えている払い下げの兵員輸送トラックが町のあちこちで排気ガスを吐き出しているのを見るときだけだ。

ジョン・カーボンは以前はガソリンスタンドに立ち寄るのが好きだった。満タンにするための出費は少し痛いが、支払いをしたあとで自分の大きな車に歩み寄るのはいつも気分のいいものだった。いまは満タンにするのが嫌いだ。車が飲み込むガソリン量そのものに、ばつの悪い思いをさせられる。あまりにも時間がかかるので、小型車が停まって、満タンにして、支払いをすませて行ってしまっても、彼はじっと立ってダイアルがカチカチ回るのを見つめ、さらに燃料を注入し続けなくてはならない。

　愛車のSUVがもたらす喜びがまた一段と落ち込んだのは、クラスでの討論に刺激されたヘンリーに、「どうしてパパはそんな大きな車を運転して仕事に行くの？　ひとりしか乗らないのに」と訊かれたときだった。まともな答えは思いつけなかった。何か月か前、ジョンは地域のカープール（相乗り）グループに参加して、誰も乗っていないシートのスペースをいくらかでも埋めることを考えた。通りの数人の通勤ルートが同じだった。しかし現実には、この相乗りシステムはそれほど魅力的なものには思えなかった。エリック・クラプトンを嫌いな人がいるかもしれないし、時間に遅れたり、ガソリン代の割り当て分を払わなかったりする人がいるかもしれない。人をイライラさせる性格の持ち主と乗り合わせることもありうる。結局、ジョンはその案をあきらめた。そしていま、良心のうずきがますます激しくなって、実際に何らかの行動を起こすべきときが来た。カープールに加わって愛車の排出分をほかの人々と分け合うか、でなければこのガソリン食いを手放すかだが、あとのほうが魅力的に思われた。車のことをもっと調べて別のを買うということだからだ。

　ケイトを説得するのは思ったより簡単だった。温室効果ガスのことは別にしても、四輪駆動車はぶかっこうなうえに燃費が悪すぎ、歩行者にとっても危険だと常々感じていたのだ。燃費が最優先だというジョンのことばにケイトは俄然興味を示した。情報を集めるため、ふたりは一緒にインターネットを覗いてみた。一家のSUVが気候にとってどれほど悪いものであるかを知って、ふたりはショックを受けた。標準的な五ドアのハッチバックに比べ、キロあたり二倍もの温室効果ガスを出している。調べたハッチバックはどれもSUVの快適さをすべて備えているし、複式燃料エンジンタイプを選べば燃料代を四分の三も節約できる。バイバイ、SUV。

新しい車が届いて初めての月曜の朝、職場へのドライブはジョン・カーボンがこれまでに味わったことのないような、うきうきと楽しい道中となった。まわりはみな、ガソリン食いのモンスターばかり。運転しているのは揃いも揃って無知な愚か者で、めいめいがたったひとりで、空調のきいた自分だけの箱に座っている。ジョンは会社の休憩時間にカーシェアの計画に名前を登録することまでやってのけ、すばらしいことをしているという優越感で、一日中笑みが止まらない。ガソリンスタンドでも思いがけない体験が待っている。液化ガスのポンプに車を乗りつけると、給油場にいるほかの人々から好奇の目を向けられていることに気づき、悠然とした足取りで、小額の燃料代を払いに行く。

この小型エンジン車への乗り換えで、ジョンの総温室効果ガス排出は毎年六トン削減される。移動に関連した彼の気候負荷の五〇パーセント以上にあたる。

ライフスタイルを大きく損なわずにこれほど大規模な変化を起こせる可能性があるにもかかわらず、アメリカでは移動に関連した排出が二〇二〇年までに五〇パーセントも増え、総排出量の

図5　エンジンのサイズを論じ合うジェイコブ・マーレイとエベニーザ・スクルージ

三分の一に達すると予想される（すでに四分の一になっている）。気候変動と闘うためにほかに何もしなくても、どれもたいへんそうでできないとか不便な思いをしそうだとか思ったとしても、せめて小型エンジン車に乗り換えるくらいはしてほしい。『クリスマスキャロル』のジェイコブ・マーレイは来世では銭箱を首のまわりにぶら下げている。あなたは四リッターエンジンをぶら下げるつもりかな？

＊　＊　＊

車に関連した温室効果ガス排出を減らすには、ほかにも多くの方法がある。まず、ガソリンの代替品がいろいろ登場している。石油が永遠にあるはずはなく、限りある資源の確保には不安のあることが判明しているので、これがうまくいけばとにかく大もうけできるのはまちがいない。わたしの住む地域のガソリンスタンドには、給油区画ごとに標準的な三種類のポンプが設置されている。緑（無鉛ガソリン）、赤（昔ながらの好ましくない加鉛ガソリン）、黒（臭くてすすの多いディーゼル油）の三つである。気候に配慮するドライバーならディーゼル油はまず選ばないだろうと思うかもしれない。一リットルのディーゼル油は、ガソリン一リットルより〇・五キログラムほど多く温室効果ガスを発生させる（おおよそ、二・三キログラムに対して二・七キログラム）。しかしいまのディーゼルエンジンは同じ大きさのガソリンエンジンよりざっとみて三倍も効率がいいし、一リットルあたりのエネルギーはガソリンより約一二パーセント多い。したがってほぼ一・五倍の距離を走れる。これらを総合すると、いまのディーゼル車は同じような大きさのガソリン車より、温室効果ガス排出が五パーセントから一〇パーセント少なくなる。新しい粒子フィルターや低硫黄燃料、触媒コンバータなどの登場もあいまって、ディーゼル車は気候に配慮するドライバーにとって現実に有効な選択肢となり始めている。

ガソリンスタンドに話を戻すと、エアポンプや給水ポンプ、新聞売り場、携帯用バーベキューセットなどのほかに、奇妙な形の複式燃料車用ポンプを目にしたことがあるはずだ。複式燃料車用のガスとしてはふつう、CNG（圧縮天然ガス）またはLPG（液化石油ガス）が使われ、ガソリンは補助的にのみ使われる。ガスの価格はふつうの無鉛ガソリンよりずっと安く、たいていは半値で、キロあたりの温室効果ガス発生も二〇パーセントも少ない。ほとんどの車は複式燃料走行用に簡単に転換できる。追加のタンクのために必要なスペースはスペアタイヤ一本分ほどで、改造費は燃料代の浮いた分で数年以内に取り戻せる。

わたしはスマートカーに乗っている。前世の報いとしてあの世で引きずり回すにしても、これくらい小さいエンジンなら楽だろう。ほんとうはハイブリッドカーが欲しかった。標準的なパワーのガソリンエンジンを、ブレーキで充電する電気モーターで補う新しい方式の車だ。郊外の幹線道路を走行中はガソリンエンジンが車の動力となる。このときガソリンエンジンの効率は最大である。電気モーターは加速のときに加勢し、ブレーキを踏んだり青信号を待って止まっていたりするときは完全に引き継ぐ。この種の車は同サイズのガソリン車に比べ、温室効果ガス排出が三〇パーセントから四〇パーセント少ない。しかしまだまだ高価で、臨時雇いの科学者というわたしの給料ではとても手が届かない。以上述べたような方法はすべて温室効果ガス排出の削減に役立つが、どれもある程度は化石燃料の燃焼に頼っており、したがって気候にまったく影響を与えないわけではない。

電気自動車はかなり以前からあり、ハイブリッド車などよりも大きな排出削減をもたらしそうに思える。しかし動力として使われる電力のもとを考えれば、そう期待どおりにいくとは限らない。もし風力とか水力といった再生可能な資源によって作られた電力なら、化石燃料をベースとした代替燃料よりもたしかに排出は大幅に少なくなる。しかし家庭用電気のほとんどは化石燃料を使って発電したものなので、ソケットに車のプラグを毎晩差し込むことによって、排出を単に自分の車の排気筒から火力発電所に移しただけのことになる。

それに、完全な電気自動車は動きがいくらかのろい傾向がある。ジェット戦闘機のように加速したり、車で音速の壁を破ったりすることに興味があるわけではないが、ただでさえ時間に遅れているところに、窓に鼻水でいたずら描きをするのに飽きた幼い娘が声をかぎりに叫ぼうと決心したとき、せいぜい時速六〇キロしか出せないのではがっくりくる。連続走行距離もまだかなり限られていて、ほとんどのモデルは一回の充電でたった六〇キロしか走れない。石油の埋蔵量が乏しくなり燃料代が高騰するにつれ、電気自動車への切り替えがますます現実味を帯びつつある。性能もさらに向上するだろうし、少なくとも市街地では、きわめて有用な選択肢のひとつとなるはずだ。それでも、バッテリーに充電する電力の出どころが、電気自動車の成否の鍵であることに変わりはない。

バイオ燃料も、疑いの目で見られることが多いものの、気候にやさしい運転を提供する選択肢としてやはり伸びてきている。「ルースター・ブースター：ニューサウスウェールズの男性、鶏(おんどり)糞から出るメタンで走るようにトラックを改造」、「ポテトチップで充電：バーンリーのフィッシュアンドチップス店のオーナー、揚げ鍋の古い油で車を満タンに」、「地球にやさしい酔っ払い…ほろ酔い機嫌のテキサスのトウモロコシ農民、自家製の密造酒でトラックが動き、走りもよくなったと証言」というような記事が、ときおり新聞の紙面を賑わせる。

バイオ燃料とはトウモロコシのような穀物から作ったアルコール（エタノール）か、なんらかの工程の副産物、たとえば堆肥（たいひ）から発生するメタンとかフィッシュアンドチップスの店の油とかである。理論上は、こういった燃料が燃えるときに出る二酸化炭素は燃料穀物を栽培するときに吸収される二酸化炭素によって相殺される。事実上、炭素の増減なしというわけだ。

現実には、それほど単純な話ではない。バイオ燃料源となる植物の栽培自体、かなりの排出をもたらすことがあるのだ。たとえば植物のために施した窒素肥料を土壌細菌が消費すると、強力な温室効果ガスである亜酸化窒素を大量に発生させるおそれがある。

栽培や輸送、処理などの製造工程に関連した排出をすべて計算に入れると、ほとんどのバイオ燃料穀物はガソリンに比べて最終的に二〇パーセントから三〇パーセントの削減をもたらす。気候にまったく影響を与えないわけではないが、それでも使ってみる価値はおおいにある。バイオ燃料がほかの工程の副産物として得られる場合は、削減幅は実際に急上昇する。製紙工場の廃パルプ（セルロース・バイオマス）を発酵させて作られるエタノールは、温室効果ガス排出ゼロである。

ガソリンスタンドでも、バイオ燃料を提供するポンプが増えてきている。ふつうはガソリンとエタノールとの混合物（Ｅ85と呼ばれる）またはメタノールとの混合物（Ｍ85と呼ばれる）である。アメリカではすでに、そういった混合燃料で走れるフレキシブル燃料車が二〇〇万台以上も路上に出ている。サトウキビから作られるエタノールの豊富なブラジルでは、アルコール燃料車の販売がいまや年間二五万台にも達する。研究室や民家の裏庭での研究がさらに進めば、バイオ燃料はもっとすぐれたものになるだろう。魚の揚げ油は最終的な答えにはなりそうもないが、アルコールは、これほどの長きにわたって運転との併用は致命的といわれてきたにもかかわらず、気候にやさしい運転の大々的な実現をもたらす可能性がある。

水素は車による気候変動の解決策として、もてはやされてきた。水素を燃料として使うと、水以外、有害なものは何も生じない。しかしあいにく、そもそも水素を作るために、ガソリンの代わりに水素を使うことによって節約できる以上の化石燃料を燃やすことが多く、気候変動の特効薬とはとてもいえないのが実態だ。

アメリカではこの技術を改良するために一〇億ドル以上が費やされており、原油供給の不確かさからドライブ中心のライフスタイルを守るひとつの方法とみなされている。その研究の中心は水素燃料電池、つまり車に搭載されていて水素を電気に変えてくれる蓄電池の改良である。理想はアメリカの道路のひとつがこのいわゆる「フリーダム・カー」でいっぱいになること。現実はといえば、精力的な研究と開発をあと一五年続けたとしても、もたらされる恩恵は、すでに実用化されているハイブリッド車とたいして変わらないだろう。

最後に、ソーラーパワーにもまだまだ活躍の場がありそうだ。従来型のエンジンのブースターとして、あるいは気候に恵まれた地域では、車を動かす完全に排出なしの方法として使えるだろう。ソーラーパワーの可能性は、「ワールドソーラーチャレンジ」のような催しを見ても明らかだ。世界中からやってきたチームのソーラーカーが、ダーウィンからアデレードまで、最短時間でのオーストラリア縦断を競う（目標は四日前後）。太陽だけを動力源にこの焼けつくような三〇〇〇キロの旅を四日でこなすのはたしかに感動的だが、そもそもオーストラリアでは日光が不足することはないし、夜はレースも一旦休止に追い込まれる。

太陽エネルギーが真価を発揮するのは、実はもっと間接的な方面かもしれない。太陽光と光触媒を利用して水から水素を製造すれば、フリーダム・カーにも無尽蔵に燃料を供給できる。水素燃料電池の技術を、温室効果ガス削減に役立つ現実的な方法とする道がひらけるのである。

ガソリンスタンドの給油所に、これから数年のあいだにほんとうのところ何が現れるかを想像すると、実にわくわくさせられる。いつもの赤、緑、黒の化石燃料ポンプのそばに、バイオ燃料のポンプがもっと現れるだろうか？　ひょっとすると、堆肥から採ったメタンのポンプがごくふつうになっているかもしれない——ポンプには派手な黄色のニワトリのマーク、一立方メートルごとにおまけのタマゴ一個つきで。

さしあたっては、複式燃料車を使うか、可能な地域ではバイオ燃料に切り替えることによって、移動に関連した温室効果ガス排出を二〇パーセントから一〇〇パーセントのあいだのお好みの数値だけ減らせるし、こういった新しい燃料の普及と開発を促すことができる。

＊　＊　＊

気候にやさしい行動のなかでも理論的にはたぶんいちばん簡単なのが、運転習慣の変更だろう。運転習慣といっても、サングラスをかけて野球帽をかぶるのが好きだとか、バックミラーにトイレ用芳香剤をぶら下げるのが好みだというようなことではない。いつ車を使うか、どのように運転するかということである。わたしの本棚には個人の行動を取り上げた本が何冊かある。どれにも、運転習慣を変えることによって排出を減らすためのとっておきの助言が載っている。紙の上にあるかぎりそういった助言はまことに筋が通っていて、読むたび、わたしはうんうんとうなずいてこう思う。「すばらしい、これなら簡単だ。運転はスムーズ、燃料を節約して地球を救う――まさに文句なし」。ところが、そういう殊勝な心がけは、後続の車が加速してあなたのリヤバンパーにブヨの舌ほどの距離まで迫り、ヘッドライトの光を浴びせてきたとき、はかなくも蒸発する傾向がある。何十年もかかって確立した運転習慣を振り捨てるには、ほんとうに強靭な性格が必要だ。とはいうものの、気候にも燃料代にも、あなた自身や路上のほかの人たちの安全にも、大きな恩恵をもたらす可能性は否定できない。

いちばんもっともな助言は、そもそも車での近場（ちかば）への外出や不必要な外出は避けるというもの。カーボン家の飼い犬のモリーの場合のように、短距離の使用を何度も繰り返せば年間ではかなりの排出量になる。イギリスでは、わずか一・五キロから三キロのあいだの移動の六〇パーセント以上に車が使われており、一・五キロ未満でも二〇パーセント近くが車を使っている。歩いても一五分とかからない距離だ。あのスナック菓子がないとがまんできないとか、ディナーの献立にどうしてもヤギのミルクが必要だとかいって週に二回も車で近所の店に出かけていれば、一年で三分の一トンの温室効果ガスを排出することになる。重いショッピングバッグを下げた母親が公共交通機関に魅力を感じるのはむずかしいとしても、オーガニックで手作りの減塩バターの郡内で最後の一塊（ひとかたまり）を探してかけずりまわるようなことはせず、ふつうのバターを使うようにしよう。そういうふうになるべく車の使用を避けるようにできないなら、わたしたちはみな深刻な問題に直面することになる。

いったん路上に出れば、温室効果ガス排出を減らすにはスピードがいちばんものをいう。たまたまそれほど遅刻しておらず、ほぼ望みのスピードで運転できると仮定しての話だ。いつものように制限速度一〇キロオーバーまで加速するかわりに（いつもそれ以上出しているなら、スピードを下げることによる恩恵は、気候についてもあなたの寿命についても、さらに大きなものになる)、ギアをトップに入れて何かクラシック音楽を流し、制限速度を一〇キロ下回る速度でゆったり運転するように努める。最初は妙な感じがするし、ほかの車が外側車線をびゅんびゅん追い抜いていくので、ますますこちらがのろく感じられるかもしれない。これを次の週もできるだけ多くやってみよう。いまだに飛ばすのが好きなドライバーから苛立ちの目で見られることもあるだろうが、そんなときは慎重派のドライバーのしるしとして広く認められていることをすればいい。帽子をかぶるのだ。週に五回、片道二〇キロを運転して通勤している人なら、もっと効率的な速度で運転すれば、さらに一週間は給油なしで走れるだろう。これを一年続ければ満タン二回分のガソリンが節約でき、温室効果ガス排出を四分の一トン以上減らせる。

ほかにも、排出の削減に役立つヒントがいろいろある。いずれも、どちらかといえば常識的な心得だ。車のエアコンは燃料の一〇パーセントを消費するので、代わりに通風孔や窓を活用しよう。タイヤを十分に膨らんだ状態に保つ、適切な点検修理を心がけてエアフィルターをきれいにしておく、タンクにガソリンを入れすぎない、といったことは、一見つまらないことのようだが、やってみるだけの価値はあり、相乗効果で五〇パーセントも燃料を節約できる。急激な加速や急ブレーキを避けることも燃料の大幅な節約になり、温室効果ガス排出の削減につながる。近ごろはどこの町や市にも、あのウサギのように突進しては人のあとにぴったりつきたがる連中がはびこり、〇・〇〇二秒を稼ぐために四〇パーセントもよけいに燃料を燃やしながら走り抜ける。こんど、そんな連中があなたのうしろで急ブレーキをかけたときは、帽子をちょいと直してバッハの音量を上げ、彼らの無知を哀れんでやるといい。

車一台あたりの平均乗車人数はアメリカではいまのところ一・二人で、空席数に走行距離をかけると、総計で毎年約一〇兆「空席キロ」となる。ほんの少しでもカー・シェアリングが増えれば、何千台もの車が道路から消えるはずだ。カープールに参加したジョン・カーボンの場合、車を使わない日がいまでは週に二日できて、おかげで年間の温室効果ガス排出が〇・五トンほど減っている。これはジョンにとって、車関連の当初の排出量の一五パーセント削減に相当する。

カー・シェアリングを奨励する果敢な努力が行政側からいくつか行なわれているが、悲しいことに、どちらかといえば失望させられるような結果に終わっている。南カリフォルニアでは複数乗車専用車線（ＨＯＶ）を導入し、この高速の車線を走るには、運転者以外に少なくとも一人「乗客」が乗っていなければならないとしたが、平均乗車人員を一・一二から一・一五に押し上げただけだった。政府の対策は、乗客の乗っている車には専用の車線を与えるといったいわばアメにあたる施策も、乗客のいない車には課徴金を課すといったムチにあたる施策も、ドライバーがずるをするせいでともに失敗に終わりがちだ。ＨＯＶ車線のケースでは、マネキン人形の「乗客」を使って一年近くも警官をだました女性がいる。ＨＯＶの違法使用で告訴されたある葬儀屋

表1　ひと目でわかる、車の温室効果ガス排出を減らす方法
（削減量は4リッターガソリン車との比較）

	小さいエンジン	複式燃料車	ハイブリッド車	バイオ燃料車	運転習慣
温室効果ガス削減量	最大75%	20-30%	20-40%	最大100%	最大50%

は、死体も乗客として数えるべきだと弁明した。妊婦も同じような弁明をしたが、こちらは胎児が「乗客」だという。葬儀屋は敗れたが、妊婦の訴えは通った。

ほんものの変化を達成するには、わたしたちひとりひとりが、運転習慣の変更をしなければならないほんとうの理由、気候変動を緩和しなければならないほんとうの理由を理解する必要がある。洪水がわたしたちの車も乗客のマネキンも、何もかも押し流してしまってからでは遅いのである。表1に、車の使用による排出を減らすさまざまな方法の簡単な比較を示す。

＊　＊　＊

そもそも通勤などなければいいのに。たいがいの人は、そんなふうに思ったことが一度や二度はあるはずだ。遅刻して職場に駆け込めば、狭苦しいオフィスでの一日が待っていて、どうやって生産性をあげるかの長ったらしい会議で仕事がたびたび中断される。あ

るいは、どうやら家の前からすでに渋滞が始まっているらしいうえに、昨夜少々飲みすぎたリオハワインのせいで、聴覚は超高感度、舌はまるでパブのカーペットのようだ。そんなときは、自宅で仕事ができたら天国、まさに言うことなしと思える。このごろでは、かなりの量の書類仕事とEメールのやり取りを含まない仕事のほうがむしろ珍しい。管理職なら、自宅にいても仕事をこなせるという日はたぶん二週間に一日もあればいいほうだろうが、終日デスクワークをしている人なら、そこそこのコンピュータとインターネット接続があれば、自宅でもできるだろう——『女刑事キャグニー&レイシー』の再放送に抵抗できるだけの意志の強さがあれば。

在宅勤務は気候に大きな恩恵をもたらす可能性を秘めている。ここ何十年かは、仕事を求めて田園地帯から町や市に通勤する傾向がますます強まり、会社員が毎日往復三〇〇キロの距離を通うこともいまではふつうだ。そうすることで、日の光のもとで見ることのない庭のついた、大きな家に住むことができる。アメリカでは、一九八七年以降、通勤距離が平均して三割も増加している。

毎日会社に通わなくてよくなれば、わたしたちの温室効果ガス排出がかなり減るのは明らかだ。とはいえ、引き換えに別の汚染問題が起こる可能性がある。たとえば、職場から六〇〇キロかなたのインターネットつきログキャビンで仕事をすれば、もっと生産性もあがるし自由な発想も生まれると上司を説得したとしよう。あなたは人里離れた僻地にひっこし、風が秒速一〇メートルを超えると停電することを除けば、すべて順調だ。もう毎日一六〇キロも、運転して、というより這うようにして職場に行き、また戻る必要はない。ここまでは万々歳だ。ただし、特別な会議のためにやはり時々はオフィスに行かなければならない。なんといっても、澄み切った湖と樹木に覆われた山を望むログキャビンのデスクで仕事をする最大の楽しみは、それがどんなにすばらしいかを同僚に話して聞かせられるところにある。

というわけであなたは、平均して週に一度オフィスに顔を出すときのために、市内に部屋を借りておく。飛行機での往復は一三〇〇キロ以上になり、車で通勤していた頃の一週間の距離を五〇〇キロも上回る。おまけに気候温暖化をいっそう進める移動手段を使っている。市内の仮住まい自体、電気製品や家具類がひとそろい余分に必要なことを意味し、それらを製造するためにさらにエネルギーが使われることを意味する。こうして、「気候にやさしい」在宅勤務を通じて、通勤に関連したあなたの温室効果ガス排出は週に一一二キログラムから約一八〇キログラムに跳ね上がる。

ほかに、わたしたちが自宅で使うエネルギーも、落とし穴になる。日中の家でのエネルギー使用量は低いものだったのに、いまや家にいるとなればエアコンもつけるし、こっそりテレビも見る。午後二時頃には決まって人恋しくなって、新聞を買いがてらガソリン半ガロンも入れようかと、近くのガソリンスタンドに車で出かける。ひとつは会社ひとつは自宅と、ふたつのオフィスを持つことで、ふたつの机、ふたつのパソコン、ふたつのプリンタ、ふたつのペン立てを作るためのエネルギーを使わせることになる。同時に、あなたがそこにいてその恩恵を享受しようとしまいと、会社にあるあなたのオフィスを暖めたり冷やしたり照らしたりするためのエネルギーも消費され続ける。在宅勤務は、つらく単調な通勤にあくまでもこだわるより、多くの温室効果ガスを排出する結果になりうるのだ。では解決策は？　いま利用できるテクノロジーを、気候への悪影響の度合いに明らかな違いをもたらすようなやり方で使えばいい。たとえば、車での短距離の通勤五回をジェット機での大移動一回と交換する代わりに、ヴァーチャル会議を使うのはどうだろう？　それなら、空気を汚すことなく、どこにでも飛んでいける。

＊　＊　＊

最近では、飛行機の利用が個人の温室効果ガス排出において大きな役割を演じていることが多い。空の旅は気候温暖化の観点からしてすでに無視できない存在となっているが、運賃が下がり、便数も行く先も増えるにつれ、急速に大きな問題に発展しようとしている。ロンドン・シドニー間の往復便は、乗客ひとりあたりにして、かなり大型の車が一年がかりで出すのと同じくらい多くの温室効果ガスを大気中に吐き出す（四トン以上）。国連の予測では、二〇五〇年には航空機

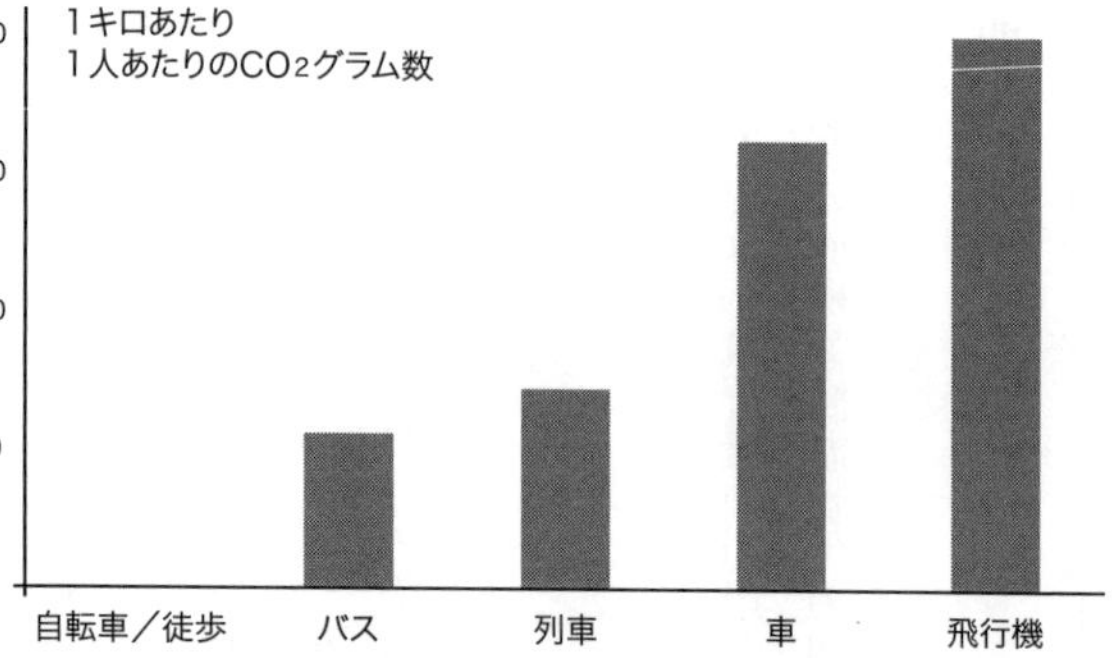

図6　移動手段別の平均二酸化炭素排出量

による年間の温室効果ガス排出が一〇億トン以上に達する見込みだ。空の旅では排出のほとんどが高空で行なわれるという事実によって、気候温暖化に及ぼす効果はさらに強まる。高空は温室効果ガスが最大の害をもたらす場所なのだ。飛行機は何トンもの二酸化炭素を吐き出すだけでなく、いわゆるNOxガス（窒素の酸化物）も大量に発生させる。地上一キロから二〇キロの対流圏では、これらのノックスガスから、やはり強力な温室効果ガスであるオゾンができるため、空の旅行の気候温暖化効果は倍増する。わざと地球を茹で上げようと思ったとしても、これほど効率よくはできないだろう。

地球規模での排出に大きな役割を演じているからには、空の旅行には気候変動対策による締めつけがあるはずだと思うかもしれない。ところがどうして。飛行機は狡猾にも国境を越えて行ったり来たりしているので、その排出量は京都議定書の国別目標には含まれていない。それだけでなく、航空燃料は非課税だし、航空業界は政府から多額の補助金を得ている。

つまり、空港までのタクシー代より安い座席料の裏で航空業界の排出は急増し、ジェット旅行の真の環境コストは、通路の汚れたカーペットの下に巧妙に隠されているのである。

地球温暖化が強まるにつれ、わたしたちの飛行機旅行熱は危険な恋に転ずる。夏の焼けつくような高温は道路同様に滑走路にも襲いかかる。頻度も強度も増す嵐のおかげで、ますます多くの飛行機が地上に留め置かれる。それほど強風でなく滑走路もオーケーでも、夏期気温の上昇は揚力の低下を意味するため、離陸に苦労するようになるかもしれない。天候はすでにアメリカでの飛行便の遅れの原因の七〇パーセントを占め、飛行機事故全体の四分の一の原因となっているうえ、洪水や嵐、あられやひょうなどの被害で、空港全体がたちまち閉鎖に追い込まれる。嵐のせいでたった一便が目的地の変更を余儀なくされただけでも、ほかの五〇便に遅れが出て、一五万ドルにのぼる損失が生じることもある。一便の欠航は一時間あたり四万ドルにつく。そういった変更や欠航による損失はすでに毎年二億五〇〇〇万ドルを超える。

わたしたちが実際に飛んで行きたい場所も変わるだろう。あふれる陽射しが呼びものの昔からの夏の観光地は、断水や異常な高温、さまざまな疾病の流行などに直面している。いくつかの国の冬のリゾート地では、冬らしい冬が来ないのが悩みの種だ。スコットランドではスキー日和（びより）の日数がこの二〇年で四分の一も落ち込み、スキー業界は国内の客をたよりにかろうじて食いつないでいるありさまだ。

気候変動に促された移住の大規模な増加で、不法移民が急増するおそれがある。地球温暖化によって生じると予想される政情不安のせいで、いまは非常に人気のある観光地のなかにも渡航など問題外となるところが出てくるだろうし、安全上の懸念から手荷物検査やボディチェックにも時間がかかるようになるだろう。

そういったことすべてがあいまって、昔ながらのリゾート地に向けてジェット機で飛び立つことは、以前ほど魅力的には思えなくなる。べとつくカーペットの出発ロビー、服を脱いでの親密な身体検査、超満員の機内で隣に座るのは会員制リゾートマンションを勧めるセールスマン――こういう怪しげな楽しみを控えれば、気候への恩恵は測り知れない。平均的な長距離飛行の場合、あなたが飛ぶ一キロは約一五〇グラムの温室効果ガスに匹敵する。ニューヨークからロンドンへのフライトは、乗客ひとりあたり四分の三トンの温室効果ガスを大気中に出す。短距離フライトでは、乗客ひとりが一キロにつき吐き出す量はもっと多い。機体に加えて、汗臭いセールスマンやぐんにゃりしたタマゴサンドイッチからなる何トンもの重量を空中に引っ張りあげるために使われる燃料が、大きな比重を占めるからである。

八〇〇キロ以下の旅行なら、列車や長距離バスを使えば排出を徹底的に削減できる。アムステルダムとミュンヘンを結ぶ平均的な短距離飛行は、往復で乗客ひとりあたり一〇〇キログラムを超える温室効果ガスを排出する。同じ旅を列車か長距離バスですれば、たった三〇キログラムしか出ない。

　空の旅の六〇パーセント以上が休暇旅行なので、国内で休暇を過ごす楽しみを再発見することが大きな改善につながる。ここでまた話をカーボン家に戻そう。

　カーボン家にとって、今年は変わった夏になりそうだ。これまで永遠とも思えるほどの長きにわたって、一家は大挙してメキシコに飛び、喜ばしい太陽とくつろぎの二週間を過ごしてきた。ケイト・カーボンが旅行代理店で働いているため、一家はいつも信じられないほどお得な航空券を手に入れ、海から一キロほどのひなびた農家に滞在していた。けれども今回、この六年間で初めて、カーボン家はほかに目を向けようとしている。ここ二、三年、メキシコは耐えられないほど暑かった。夜間も気温が下がらず、ただ寝ているだけでもたいへんだった。それに去年は給水事情がこれまでになく悪化して、休暇中ほとんどシャワーなしで過ごさなければならなかった。ジョンとケイトにとって、これがとどめの一撃となった。

　ケイトは休暇旅行を扱ってきたここ数年の自分の経験から、夏のメキシコの人気が落ちてきていることに気づいていた。不満が多く寄せられ、旅行案内書の気温のめやすも、記録的な猛暑に応じて三年で三回も上方修正されていた。最初は会社の方針として、暑さは「例外的な」ものですと説明していたが、いまや夏の猛暑は当たり前であることが明らかになりつつあった。というわけで、今年はメキシコ旅行はなし。代わりに、ケイトはほかの旅行先について、家族の希望を訊いた。これは延々と議論したり、旅行案内書をいくつも読み直したり、無理な要求をしたりするためのうまい口実である。南極（ヘンリー）、アフガニスタン（ジョージ）、中国（ジョン）への旅行が値段、危険度、あるいは距離の点ですべて却下されると、みながほんとうにしたいのは、どこか涼しくて食べ物がおいしく、泳ぎができるところに、飛行機を使わないで行くことだと、家族全員の意見が一致する。オフィスに何度か電話して、ケイトは新しい旅行の予約が取れたことを確認する。一家はずっと南のルイジアナ州ティックフォーに行くことになる。ニューオーリンズの北にある湖のほとりのキャビンで、水泳とウォーキング、それにもしジョンにその気があればジャズ、という魅力ある組み合わせを楽しむのだ。

いよいよ休暇が始まる日、カーボン一家は目先の変わった旅行にやる気まんまんだ。このところお天気続きで暑く、どこもかしこも細かい土ぼこりをかぶっているように思える。ニュースでは、この夏は砂嵐に見舞われ、いかにも「黄塵地帯」らしい夏になるだろうという懸念が流され、カーボン一家はポンチャートレイン湖のひんやりした水に滑り込むのを何日も夢見て過ごしてきた。荷造りはいつもながらの大騒ぎだが、目的地が新しくなったのに伴って混乱も起こり、何を持っていくべきか、持っていかざるべきかで雨あられの質問が飛び交い、さらに騒ぎに輪をかける。ケイトが、テレビは「万一のために」持っていくということで一応の線を引き、ジョンには、ニューオーリンズ気分に浸るためにマイルズ・デイヴィスのコレクション全部を積み込む余裕はありませんとはっきり言いわたして、ようやく一家は出かける準備が整う。三回の出直し（それぞれ順に、サングラス忘れ、ヘンリーがもう一回トイレ、徘徊ラブラドルの収容）をしたあと、カーボン一家は出発する。

メキシコからルイジアナへのこの変更によって、カンクンへの往復飛行で発生する二トンの温室効果ガスの代わりに、三分の一トン未満の排出ですむことになる――ケイトのまるで納屋のようなミニバンも、今度ばかりは満員である。

アメリカでは毎年四億五〇〇〇万回の長距離（八〇〇キロ以上）の出張が行なわれていて、これが長距離旅行全体の一六パーセントを占める。会議のある場所まで四〇〇キロ以下なら、ほとんどの人は車を運転していくことを選ぶ。しかし距離が八〇〇キロを超えたとたんに、飛行機での旅がふつうになる。

海外旅行の大部分については、依然として航空機を使うのが唯一の実用的な選択肢である。使って何が悪い？　というわけで、温室効果ガス排出の罪悪感をなだめるための案がいくつか出現した。総じて、植林する樹木の購入代金を負担したり、再生可能な新しいエネルギー計画のために寄付したりして、自分の飛行による排出分を相殺してもらおうとするものだ。二〇〇三年のツアー期間中、ローリングストーンズは自分たちの温室効果ガス排出の責任に新しい形でけじめをつけた。イギリス公演に集まった推計一六万人のファン全員の排出を相殺できるだけの木を植えるために、資金を出したのだ。ファンひとりにつき一三キログラムの温室効果ガスとなれば、かなりたくさんの木が必要になる——正確には二八〇〇本だ。けっこうな話ではあるが、ちょっと想像してみてほしい。この長命な伝説的ロックバンドがこれまでに行なったすべてのツアーをチャラにするには、いったいどれだけの樹木が必要だろうか？　一九九七年から一九九九年のあいだだけでも、ヨーロッパ各地で一四七回の公演があり、五〇〇〇万人を超える人々がストーンズを見に行った。そうすると、さらに一〇万本が必要なわけだ。

わたしたちの空の旅が、木を植えるだけですべて相殺できると考えるのは現実離れしている。そういった案の価値はまず第一に、気候に及ぼしている悪影響について人々に考えさせることにあり、解決策として優れているわけではない。そういう取り組みのなかには、たとえば環境保護団体の「クライメットケア」が行なっているように、いまは植林ではなく発展途上国の再生可能なエネルギー計画への資金提供を通じて、個人の排出を相殺してくれるものもある。こちらのほうが効果はわかりやすいが、現実にはいろいろとやっかいな問題がある。地球温暖化への寄与を最小限にとどめたいなら、飛ぶのを減らすか、全然飛ばないかだ。

科学者にとって、仕事の「役得」のひとつが国際会議への出席である。会議を牛耳っているのは通常、靴下にサンダル履きといういでたちを好み、某会議では誰それが資料のスライドを逆さまに映し、それに気づかないままだった、とかいったエピソードを好んでジョークの種にする人々だ。こういった会議はあらゆる学者にとって、一年の労働の不可欠の要素である。たてまえ上、わたしたちは懇親を兼ねた学究的な批評の雰囲気のなかで最新の研究成果を発表し、学会に新しいアイディアを導入することになっている。現実には、発表される研究はたいてい数年前のものですでに活字になっているし、ほとんどの者はコネを作るため（若くて活力にあふれ、なによりも研究資金を必死で求めている研究者たち）か、昔なじみに出会うため（靴下にサンダル履き組）に来ている。ときにはこういった会議も本来の役目を果たし、いくつか有益な議論が行なわれることもある。けれども、どちらかといえばお祭り騒ぎ――研究者の貧弱な給料と労働条件の埋め合わせのために納税者が金を出してくれる無料の休暇――とみなされる傾向がある。ビジネスでもこういうことがあるにちがいない。靴下にサンダル履きは斬新なシンプソンズのネクタイに取って代わられ、逆さまのスライドのジョークは誰それが上司のロールパンを食べてしまったというネタに替わるかもしれないが、つきつめれば同じこと。恐ろしいほど大量の空の旅ということになる。

会議や会合による温室効果ガス排出は、適切な場所で開くというごく簡単な対策で減らせる。サンフランシスコで二年ほど前に開かれた一万人の科学者（多くは気候変動の研究者）の集まりの場合、各地から派遣される出席者は平均して八〇〇〇キロを旅してきたため、これに伴う排出は推定で一万二〇〇〇トンに達した。この会議がもっと中心部に位置するコロラド州デンバーで開かれていたなら、排出は九〇〇トンも削減できていただろう。

適切な場所を選ぶほか、会議にヴァーチャルで参加することによっても、排出を減らすことができる。たとえば片道一六〇〇キロという中程度の距離の往復フライトをしないですませれば、自分の年間温室効果ガス排出を一トン近く減らせる。

いくつかの国際会議がすでにヴァーチャルで開催されている。最近アメリカで行なわれた遺伝学の会議では、出席者が夜間飛行とホテルの味気ない部屋と無料の石ケンを、自分のオフィスと毎晩自宅に帰って晩ご飯を食べられることと交換することによって、温室効果ガス排出を約九〇〇トン削った。小さな島国のためにいまは「発展途上島嶼（とうしょ）国に関するヴァーチャル世界フォーラム」がある。当事者間を隔てる広い水域を考えれば、この技術を使うのも当然である（次回の会合の第一回討論のテーマ？　もちろん気候変動）。

こういったヴァーチャル会議の標準的な形式は、各地の代表が自分のところの会議室に集まり、大型スクリーンとカメラ、マイク、それにインターネットの力を使って、別の都市や国、大陸のグループと話をするというものだ。

大型スクリーンの画面に映っているのはメインの発言者。いまは彼または彼女のいわば独演会である。横の小さなウィンドウには、発言の順番を待つほかのグループがいる。このハイテク会議では発表をすべて――あらゆる細部にいたるまで――ダウンロードして、手があいたときにじっくり読むことができる。とりわけむずかしい質問が飛び出したときには、眉をひそめて耳を指差し、マイクロソフトがどうのこうのとぶつぶつ言ってごまかすこともできる。

現実の世界の会議はどうしてもどこかの場所で行なわれるわけだが、出席者たちが毎年空中を移動する何百万キロもの距離を考えれば、たとえ限られた使い方であってもヴァーチャル会議を利用すれば、温室効果ガス排出を何千トンも削減できる可能性がある。

このように、移動は地球温暖化に対するわたしたちの個人的な寄与に主要な役割を果たしている。しかし、眠気がさしてきたあなたがうつらうつらして、サンダルを履いたニワトリの運転するＳＵＶに轢かれる夢など見ないうちに、車だらけの道路からはずれて私道に入ろう。今度はわたしたちの家庭生活がもたらす影響を一通り調べるとともに、いちばん気がかりなこと、すなわち気候変動はどのようにやってこようとしているのかを見てみよう。

第3章　まず、わが家から

もしあなたが川のそばや海岸の近く、あるいは低地に住んでいるなら、ここから先は目をそむけたい気分になるかもしれない。毎年、洪水は五億人以上に被害をもたらし、二万五〇〇〇人以上の命を奪う。現在のところ国連は、深刻な洪水にみまわれる「危険のある」人々が全世界で約一〇億人にのぼると指摘している。予想では、地球温暖化のせいで暴風雨や集中豪雨がいっそう激しさを増すにつれ、この数字は二一世紀中に倍増するという。将来待ち構えているのは、ハリウッド映画にうってつけの新しいタイプの気象ではない。現にある壊滅的な気象がさらに激しさを増すのである。

わたしたちの家が直面する脅威がどれほどのものかを知るには、家屋対象の保険を見るのがいちばんだ。保険業者は基本的にギャンブラー――身なりがよくて腰の低いギャンブラーである。

彼らの生計はリスクを正しく見積もれるかどうかにかかっている。たとえばあなたの家が坑道に転落するリスクとか、ペットのチンチラに口腔外科治療が必要となるリスクである。リスク評価の精度を高めるため、彼らは詳細な採掘地図や測量図からチンチラの食習慣および寿命の徹底的な研究にいたるまで、得られる最高の情報を利用する。

では、この用心深い人たちは気候変動予測にどのような反応を見せているのだろうか？　多くの家屋の保険料を引き上げ、洪水リスクのある地域の家屋には保険を提供しないというのが、その反応である。世界中の保険会社が気象専門家を雇い、新しい「危険度」表をおおわらわで作っては、保険料を大幅に引き上げている。最も悲観的な業者に至っては、しゃれた波止場地区から海面より十分に高い場所へと、本社を移している。

アメリカではすでに一〇〇〇万戸の住宅が洪水の危険にさらされており、洪水による損害は年に七〇億ドルにのぼる。海面が今世紀末までに五〇センチから一メートル上昇しそうで、そうなればアメリカの三万六〇〇〇平方キロ――ニュージャージーのほぼ二倍――が失われるおそれがある。アメリカ環境保護局によれば、そういった洪水が起これば被害額は二七〇〇億ドルから四五〇〇億ドルに達するだろうという。保険金請求も二倍あるいは三倍となり、無数の家族が難民となる可能性がある。

カナダ東部では、最後の氷河期以降、陸地自体が徐々に沈みつつあるため（場所によっては一〇年で約二センチ)、海面の上昇はさらに深刻な事態をもたらすおそれがある。オーストラリアでは、地域社会ごと移動しなければならなくなる可能性がきわめて高い。人口の八〇パーセントが海岸からたった五〇キロ以内に住んでいるからである。イギリスでは今世紀中に三五〇万戸以上が洪水の被害を受けると予想される――現在洪水の危険にさらされている戸数の三倍にあたる。地球全体では、海面上昇に伴う沿岸地域の浸水によって、二〇五〇年までにさらに二三〇〇万人が被害を受けるだろう。

ようやく洪水が引き、ガソリンと下水を混ぜて薄めたようなあの独特の匂いが消え始めれば、乾燥を促す好天には少なくとも事欠かない。予想では今世紀は大幅な気温上昇が見込まれる。ここスコットランドで、わたしはブドウの木を植えた。シャトーレイ・ブランドのリオハワインでも、と思ってのことである。なにしろ今年は夏が暑い。この一〇年でいちばん暑い夏だとか――実にすばらしいことだ。二〇八〇年のヨーロッパでは、夏はたいていどこでも、ちょうどこんな感じだろう。ここに降雨量の三〇パーセント低下と、北方では夏がより高温で乾燥ぎみになりつつあるという事実が加われば、ボルドーの偉大なワインよさらば、ブルターニュやボグノーの小生意気な赤よこんにちは、ということになるかもしれない。スコットランドのビュートだって、望みがないわけじゃない。

二〇五〇年までには、ニューヨークの夏はいまのアトランタの夏にもっと近づいているだろう。

アトランタでは、いまのヒューストンのようになっているだろう。では、いまでも暑いヒューストンは？　パナマを思い浮かべてほしい（気温は四〇度近く、湿度はほぼ一〇〇パーセント）。熱中症で、アメリカではすでに毎年四〇〇人が死んでいる。未来に待つものをヨーロッパがちょっぴり味わったのは、二〇〇三年に強烈な熱波で二万人以上の死者が出たときだった。

「気候変動に関する政府間パネル」によって作成された分厚いレポート、『気候変動二〇〇一：影響と適応と脆弱性』のなかのひとつの表が、どのような極端な気候がやってこようとしているかをはっきりと示している。熱波の項（「高齢者や都市部貧困層における死亡と重篤な疾病の増加」）の下に、「強烈な降水事象（猛烈な暴風雨）」「最大風速および暴風強度の増大」「激化する旱魃（かんばつ）と洪水」と、いずれもきびしい予想が並んでいる。こういう極端な気候がますますひどくなっていくということは、建物の被害の増加や感染症の流行、財産の喪失、人命の危機の増大がもたらされることを意味する。

気候変動が家庭に及ぼす影響には、もっと目には見えにくいものもいくつかある。夏の極端な高温と日照りはすでに地盤沈下の大幅な増加という結果をもたらしている。土が縮み、樹木が土からなけなしの水分を吸い上げるためである。アラスカでは永久凍土が融けだして、家屋が文字通り地中に消えつつある。

全体として、わたしたちの家の見通しにはかなり憂慮すべきものがある。もしあなたが全世界の何百万という人々同様、海抜二メートル以下の高さのところに住んでいるなら、居間用に新しいカーペットを買うのはあまりいい考えとは思えない。もし高台に住んでいるなら、次の嵐が来る前にゆるんだタイルをしっかり貼り直しておいたほうがいいし、都市の高層アパートに居を構えているなら、ビン詰めの水を十分に買い置きし、エアコンは定期的に点検するよう気をつけたほうがいい。パナマ帽も注文すること。

でなければ、大気中の温室効果ガス濃度を、現在わたしたちが急速に向かっている濃度よりも低く保つために努力することもできる。二〇〇四年に、今世紀のイギリスにおける洪水の脅威に関する報告が出た。全体に悲観的な調子の報告だが、地球全体での温室効果ガス排出を二五パーセント抑制すれば、洪水の被害による損失を四分の一程度減らせるだろうと述べている(二〇八〇年代には年間二一〇億ポンドを一五〇億ポンドに)。

* * *

家庭は大口のエネルギー消費者で、したがって温室効果ガスの大口排出者となる傾向がある。さいわい、家庭は最も直接的な変化を起こせる場所のひとつでもある。旧式のタングステン電球を省エネタイプのものに交換するというような簡単な例を考えてみよう。すぐに買えるし取り付けは簡単、おまけにお金の節約にもなる。一個取り替えただけでも、毎年一〇〇キログラムの温室効果ガスが大気中に出て行くのを止めることができる。実際、家庭での気候にやさしい取り組みは、政府のホームページや書物に載っているものはもちろん、電気料金請求書の裏に書いてあるものも含め、ほぼすべて、エネルギーの無駄使いを減らし、環境だけでなく家計も救う。わが家をもっと気候にやさしい家にすれば、あの二五パーセントという洪水ストップ目標をほんとうに達成できるし、さらにそれを超えて、科学者の勧める六〇パーセントも夢ではない。

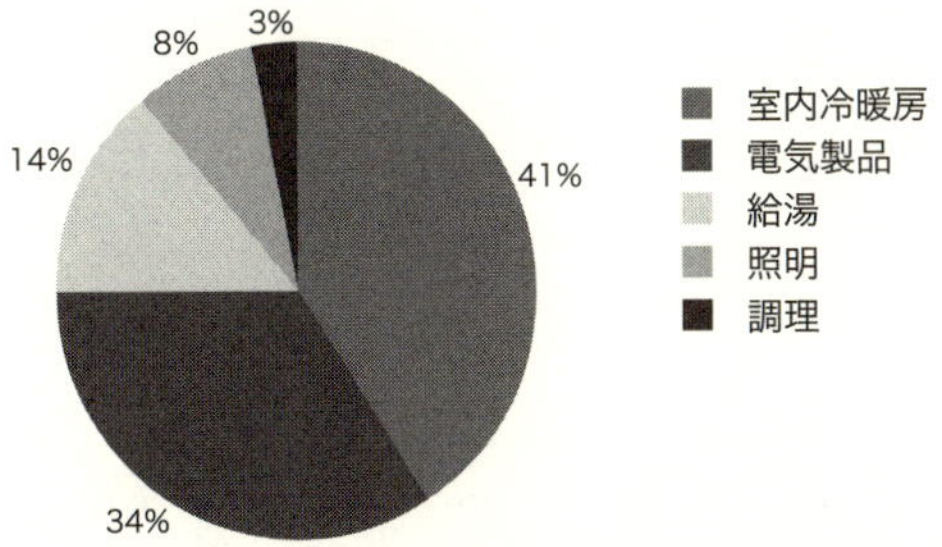

図7　アメリカの平均的家庭の温室効果ガス排出
（年間11トンの温室効果ガスに占めるパーセント）

　地球の気候を最も脅（おびや）かしているのは、わたしたちの家の屋内気候のコントロールである。噛んだ靴下を持ってくる忠実な犬のように、暖房あるいはエアコンのシステムはわたしたちの注文通りの温度でわたしたちを歓待する。ジメジメした洞窟のなかでぱちぱち燃える焚き火が、いわば最初の屋内暖房だった。そこからわたしたちは長足の進歩を遂げた。スリッパをカーペットに凍りつかせる冬の夜や、あまりの暑さにイエバエさえ飛び回るのをやめる夏の日はもう過去のもの。いまやわたしたちは窓に降り積もる雪を尻目に、バミューダショーツやチェ・ゲバラTシャツで家の中を歩き回る。ダイアーストレイツのロックナンバーに合わせてひとしきり激しくエアギターのまねごとをしたあとには、暑すぎると文句を言い、毛足の長いカーペットの上をはだしで横切って窓を開けることさえする。

人の移動についてわたしは、代わるべき手段が不十分な現状では、車の運転に関する環境保護論者の批判のなかには少々きびしすぎるものもあると述べた。しかし家の冷暖房に関しては、たしかに彼らの言うように毛糸のセーターを着ればいい。そのうえで、有機飼料を与えている高貴な馬に乗るのは彼らの勝手である。これを書いているあいだも、母のことばが脳裏に浮かぶ。「寒いならセーターを着なさい、デイヴィッド。おばあちゃんがクリスマスにすてきなのを編んでくれたのに、いっぺんも着てないじゃないの」。寒いときには服をよけいに着る、暑いときには脱ぐという簡単なことをするだけで、家庭のエネルギー使用量を抑え、温室効果ガス排出を減らすことができる。アメリカの標準的な家庭一軒を暖房するのに、毎年約四トンの温室効果ガスが排出されている。冷房でさらに一トンである。ここスコットランドでも、やはり暖房に関連した排出が大きくなりがちだ。ただしエアコンは——まだ——それほど普及していない。先進国の標準的な家庭では、暖房温度を摂氏一度下げるだけで、あるいはエアコンの温度を摂氏一度上げるだけで、年間排出量が三分の一トン減るだろう。

戸外で太陽が照りつけていれば、深く考えもせずにエアコンを強にする——そういう行動パターンと決別するには、発想の根本的な転換が必要だ。将来の夏の暑さをいくらかでもやわらげるために、いま、エアコンの出力を弱めるのである。あのブーンと唸っているエアコンの機械は気候変動の高利貸のようなもので、とりあえず今日のところは涼しい家を融通してくれるが、明日はもっと暑い世界を利子つきで押しつける。

途上国ではどこでも、住宅供給に対する需要が増えると予想される。ますます多くの人が家を持ちたがるようになり、自分だけの住まいや、より大きな家を求めるようになるからである。ヨーロッパでは、新築家屋に対する需要が今後二〇年間は年に二〇〇万戸を超えるあたりで推移するだろう。日本では単身世帯が今後二五年で三分の一増加し、二〇〇七年には、ふたり以上の世帯を上回ると見られている。すでにウィーンでは全世帯のほぼ半数が、たったひとりの世帯である。この三〇年のあいだに、カナダとアメリカでは平均世帯人数が三・二から二・六へと低下した。七〇年代には二軒だった家がいまでは三軒になったようなものだ。同時に、平均的な家の大きさがアメリカでは一四〇平方メートルから二〇五平方メートル以上へと増大している。

建物の設計は以前よりエネルギー効率を重視するようになっているが、傾向としては依然として住宅内でのエネルギー使用が増し、したがって住宅から出る温室効果ガス排出も増している。今後二〇年でアメリカの家庭での総エネルギー消費はさらに二〇パーセント増加する見込みである。独り住まいの人が使うエネルギーは三人家族の一員の二倍だし、五人と同居している人に比べれば五倍近い。家にほかの人がいれば暖房も照明も、コーヒーを飲むためのヤカン一杯の湯さえも分け合う。ひとり住まいならテレビのチャンネル権はいつもあなたのものだが、個人としてのエネルギー消費量は増えるのだ。より大きな家を求める傾向も、同じ効果をもたらす。家が大きくなれば材料もそれだけ多く必要になるし、冷暖房ももっと必要になって、排出も増える。

わたしの目の前には、アメリカ、イギリス、オーストラリアの各政府がスポンサーとなって発行した、つやつやと華やかなパンフレットの山がある。家庭でのエネルギー効率改善策の普及をめざすもので、カーテンを引いたり、屋根裏に断熱材を入れたり、二重ガラスの窓を閉めたりしている人たちの写真が載っているのだが、どの人物もかなり嫌味な自己満足の笑みを浮かべている。そのにやけ顔はさておき、エネルギーを節約して気候への負荷を減らそうという考え方の重要性は無視できない。パンフレットはどれも例外なく、断熱性を改善することの利点をほめたたえている。屋根裏にもっと分厚い詰め物をしたり、二重ガラスの窓を入れたり、あるいは単に、ドアや窓からのすきま風を防いだりすればいい。中空壁による断熱法を取り入れたり、配水管や給湯器の被覆を改善したり、内ドアをつけて玄関を独立した空間にしたりするのも、熱が逃げてエネルギーが無駄になるのを防ぐ。掲載された数字には説得力がある。家の断熱性を上げれば、暖房や冷房に必要なエネルギーをほぼ半分にできるのだ。平均的な家では年間二トン以上の温室効果ガス排出を削減できることになる。

政府は、人の移動と並んで、家庭でのエネルギー使用を地球温暖化との闘いにおける主戦場のひとつとみなしている。気候変動が激しさを増すにつれ、政府のパンフレットやテレビのスクリーンで、こういった自己満足の微笑にますます多くお目にかかるようになるにちがいない。家庭のエネルギー消費を削減するうえで、政府はわたしたちの郵便受けにパンフレットを投げ込んだり、「お宅のやり方は間違ってはいませんか?」というような広告を放映したりする以上のことができる。国によっては、たとえばオーストラリアのように、家の断熱性を改善するための費用の一部あるいは全額の払い戻しを受けることができる。エネルギー効率のよい設計の住宅が建つ、政府の資金援助を受けた公営住宅団地もよく見かけるようになった。そのいい例が南アフリカの「ググレトゥ・エコホームズ・プロジェクト」で、今後五〇年で六〇〇〇棟の省エネ住宅を建設することになっている。室内暖房へのエネルギー使用をおもに太陽熱の利用を通じて減らすことによって、住宅の耐用年限中に四万トンから五万トンという大量の温室効果ガスの排出を削減できると見込まれている。

いまの家を購入するにあたって気候変動のことを考慮に入れたという人は、おそらくほとんどいないだろう。もし考慮したとしたら、洪水の危険のある平地の住宅団地は深刻な売れ行き不振にみまわれていたにちがいない。今度家を選ぶときには、次のような点を考慮してみるといい。いずれも気候に関連した重要な項目である。

■ 新しい家はいまよりも職場や駅、自転車専用道路に近いか？

■ その家は、出っ張りが多くて隙間風だらけのエネルギーがぶ飲み住宅ではないか？ 冬の暖房だけで、いまの家の年間使用量を上回るパワーが必要だなどということはないか？

■ どんなに小さくてもいいから、野菜などを育てられる庭があるか？

■ その地域では、再生可能なエネルギーが手に入るか？

それではカーボン家に戻って、住宅にかかわる決断が地球温暖化に対するわたしたちの寄与にどれほど根本的な影響を与えうるかを見ることにしよう。家族全員に関係のあるビッグニュースがあって、いくつか大きな決断がくだされることになるのだが、それは一家の気候への影響を大幅に変える可能性がある。

カーボン家はもっと大きな家族になろうとしている。ジョンとケイトは大事をとって、数か月間、そのニュースを自分たちのあいだだけにとどめていたが、六か月目に入ったいま、ケイトのおなかの膨らみも目立ち始め、うれしいニュースをヘンリーとジョージにいよいよ明かさなければならなくなった。最初はふたりとも呆然としていたが、やがてジョージが、この新しく増える家族はどこに寝ることになるのかという微妙な質問を投げかけた。購入したときにはあれほど大きく見えたカーボン家だが、その後、ラブラドルとふたりの息子は言わずもがな、現代生活の残骸であふれかえらんばかりになっている。ヘンリーとジョージに、「どちらも赤ちゃんと部屋を分け合うようなことにはならないからだいじょうぶ」と請け合ったはいいが、そうすると部屋が足りない。いまの家を拡張するかそれとも別の家を探し始めるか、まだふたりとも決めかねている。気候のことを考えた決断をこれまでもしてきたが、これはそのなかでも最大のものになるだろう。拡張には、できるだけエネルギー効率のいい設計や資材を確保できるという大きな利点がある。それに対して、新しい家のほうはその設計しだいで、家全体のエネルギー効率がはるかによくなる可能性もあるし、悪くなる可能性もある。

住宅市場の動きが早く、町の郊外に新しい住宅団地がいくつか建設中で、転居にはいいときといえる。カーボンおばあちゃんから数千ドルのプレゼントがあったので、かなり大きな家に移ることもできるし、大規模な拡張も可能だ。けれども、拡張するとすれば、上のほう、つまりいまの屋根裏部分に広げるしかない。外側に広げればどうしても庭を削ることになり、家族全員とりわけケイトとモリーには受け入れがたい。長い意見交換の末、カーボン一家は、拡張プランを練るあいだにいくつか物件を見て回り、それから最終的に決めることにした。

さっそくその週末、カーボン一家は揃って新しい団地のモデルハウスを見に出かけた。たしかにとても大規模な団地だ。団地へ続く道には規則的な間隔で巨大な広告板が立ち、ホーソーン・ハムレット団地の美点を宣伝している。「高級住宅地。三、四、五寝室のぜいたくな物件。手つかずの自然が残る安全な環境」といったぐあいだ。団地のはるか手前から、白く輝く旗竿の列が見え、どれにも開発会社の紋章がひるがえっている。さらに近づくと、幅の広い新しい進入通路が目に入る。通路の両側には高いれんがの壁があり、通路はカーブを描くように、堂々とした黒い門に達する。開いた門の向こうに団地が見える。車を駐車場に入れると、一家は団地の販売事務所からさまざまなパンフレットをもらい、順路に従っていちばん近いモデルハウスに向かう。宣伝文句によれば「牧師館」型の四寝室タイプで、「大きくなっていく家族には理想的」とある。家はもちろん塵ひとつなく、ダイニングテーブルは上品なディナーのためにセットされ、タオル類はきちんと畳んで浴槽の手すりに掛けてあり、模造のマントルピースの上には花が飾ってある。一時間後、一家はモデルハウス見学を十分堪能し、もう一生分見たような気がしている。ぽつんと離れた居留地のような環境はもとより、同じような家ばかり並んでいるところがどうも気に入らない。同じくらい出せば、同数の寝室がある古い家で、もっと庭が広く、少なくともいくらかは地域社会の雰囲気が感じられる物件が手に入る。

そこで自分たちの住む地域にある既存の家を探すことにする。寝室は少なくとも四つ、充分な広さの庭というのが絶対条件だ。何度目かの挑戦で、カーボン家から通りをほんの二、三本隔てたところに、条件にぴったりと思われる物件を見つける。その家はとても古い。正確には築五四年で、売主の詳しい説明によれば「設備近代化の必要あり」ということだ。とはいえ、十分な広さの寝室四つとかなり大きな裏庭がある。庭は草が伸び放題になっているが、ケイトはその可能性に目を輝かせ、ジョージとヘンリーとモリーの全面的な支持を取りつける。けれども査定書が戻ってきたとき、「設備近代化の必要あり」ということばのほんとうの意味が、初めて胸にずしりと響く。その近代化には家そのものの価格と同じくらいの費用がかかりそうなうえ、長いあいだ不自由な生活を強いられるかもしれない。取引先銀行の支店長の反応はもちろん、生まれてくる赤ん坊のことを考えて、カーボン一家はついに増築案をとる決心を固める。

気候への影響の点からいうと、あの旗竿の立ち並ぶ新しい団地の家は、「新しくする必要がある」古い家よりはずっとエネルギー効率がいい。新しい家は一九五〇年代に建てられた同じ大きさの家に比べ、暖房に使うエネルギーが三分の一ほど少ないだろう。おもに断熱性がよくなっているためである。しかしこういった気密性の高い高級な家には落とし穴がある。家自体が、姿を変えたエネルギーなのだ。レンガやタイルのひとつひとつにも、模造のジョージ王朝風暖炉にも、エネルギーが使われている。実際、わたしたちの家にあるあらゆる製品、製造や輸送にエネルギーを必要としたあらゆるものには、目に見えない気候温暖化の値札がついているのである。わたしがいま文章をつづるのに使っているパソコンにもついている。パソコンはモニターを作動させたり、ディスクやファンを回したり、プロセッサを動かしたり、レッド・ホット・チリ・ペッパーズのヒットアルバム「カリフォルニケイション」をかけたりするのにエネルギーを使っているが、わたしの家にやってくる前でさえ、大量のエネルギーを使っていた。わたしが梱包を解いて果てしなく長いケーブルをほぐし、インストールマニュアルの書き手を口汚くこきおろす前にすでに、パソコン本体とそのさまざまな部品は、化石燃料二四〇キログラム相当を消費していたのである。

新しい家を建てるのに使われたレンガやスレート、コンクリートにも、さらには玄関マットにさえ、同じことがいえる。すべて、つぎこまれたエネルギーの値札がついている。ためしに、お宅の壁のレンガ一個をみてみよう。それがいまそこにあるためには、粘土を採掘し、それをレンガ工場に輸送し、レンガの形に切り、窯で焼き、建築現場に運んで壁にはめ込むためのエネルギーが必要である。したがって家全体では、つぎこまれたエネルギーは莫大なものになる。平均して、新築の家一軒は、持ち主がその家のなかで今後一〇年間に使うのと同じ量のエネルギーをすでに使っている。つまり、新しい家主が最初のコーヒーも淹れないうちから、その家はもう七〇トン前後の温室効果ガスに対して責任があるということだ。

そのようなわけで、新しい家のほうが古い家よりも気候にやさしいとは、一概に断定できない。たしかに古い家のほうがすきま風がひどく、暖房にはよけいにエネルギーを使うが、家が古くなるにつれ、最初から含まれていた消費分は引き伸ばされて薄くなり、住人の消費するエネルギーが前面に出てくる。カーボン家の三つの選択肢である、中古、新築、拡張のなかでは、気候への影響の点からいうと明らかに拡張案がまさっている。

拡張といっても事実上、新しく建て増しするので、断熱性にすぐれた、エネルギー効率のいいものにすることができるし、いっぽうでは、エネルギーをたっぷり使った材料を最小限に抑えることができる。アルミとスチールには、採掘や処理に使われた大量のエネルギーの値札がついている。それに対して木材はたいていの場合、はるかにエネルギー集約型でない建築材料である。木造を選ぶことで、家に組み込まれている排出は鉄骨に比べて八〇パーセント、コンクリート造りに比べて八五パーセント以上、削減できる。再生資材を使えばさらに減らせる。

したがって、スチールやコンクリートの代わりに木材、あるいは冒険をしてみたいなら圧縮した藁(わら)を使えば、建物の地球温暖化への寄与を大幅に節約できる。森林は二酸化炭素を吸収して固定するという大きな役割をすでに果たしており、そこから伐採される木を活用することによって、温室効果の増大にダブルパンチをくらわすことができる。

家を設計するという贅沢が許されるなら、気候に配慮したさまざまな選択肢が用意されている。着工にまだかなり間がある場合は、「受動的デザイン」(いわゆるパッシブ・ソーラーハウス)と呼ばれるものを考えてみてもいい。家の向き、屋根の勾配、窓の配置や向きなどをすべて使って、太陽熱を最大限に利用したり室内冷房を最小限にしたりするものである。おもに使う部屋をいちばん日当たりのいい側に持ってくるというような簡単なことで、暖房や照明に使うエネルギーをかなり節約できる。ほかにも、最高級の断熱材を家中に使うとか、すきま風や熱損失をできるだけ抑えるドアや窓を取り付けるといった方法を採用することができる。

新築の家については、避けなければならない大きな落とし穴がほかにもある。わが家を建てる機会に恵まれると、たいていの人はつい気が大きくなりがちだ。たとえばオーダーメードのキッチンが選べるとなると、事態はたちまちジョン・カーボンのSUVのような様相を呈してくる。輝くクロームに御影石（みかげいし）の調理台――まさに成功のあかしである。プランはしだいにエスカレート。ついには、ビリヤード台ほどもあるアイランド型調理台と、極地探検もまかなえるほどの食品を収められる収納庫と、最後の晩餐が三組あっても対応できそうなテーブルとを備えたダイニングキッチンとなる。大きなキッチンに大きな居間、大きな寝室とくれば、当然家も大きくなる。コンクリートもレンガもスチールも大量に必要になり、組み込まれているエネルギーも多くなる。家が大きければ照明も暖房も冷房もそれだけ多く必要だ。したがって、気候にやさしい家を新築しようと思うなら、エネルギー効率のいい設計に、組み込まれたエネルギーの少ない構造を組み合わせ、飛行機の格納庫と大きさを張り合わないような家を建てるのがいい。

*　*　*

どういう家に住んでいるかは、わたしたちが生涯を通じて気候に及ぼす影響に大きな役割を演じる。その役割をいいほうに、または悪いほうにがらりと変えるチャンスが来るのは、子供たちが成長して家を離れ、職場での最後のコーヒーを飲みほして記念の旅行用時計を受け取るときである。この段階で、わたしたちの多くは荷物をまとめて、海岸の近くや孫のそばに引越したり、子供たちからさらに遠ざかったりする。カーボンおばあちゃんも引越した。

おばあちゃんはいま、続き部屋に小さなキッチンのついた老人専用アパートにいる。家族の住まいに近いし、周りにはすばらしい芝生の庭が広がっている。古い家を売ってアパートに移るというおばあちゃんの決断は、気候に大きな恩恵をもたらした。アパートの部屋は大きな建物の一部になっているので、隣りどうしが申し分のない断熱材の役目をして、エネルギーの大きな節約になる。前の古い家を冬には暖かく夏には涼しくしておくだけでも、いまのアパートの部屋を適切な温度にしておくのに必要なエネルギーの四倍近くも使っていた。全体として、おばあちゃんの引越しは家でのエネルギー消費とそれに関連した排出を、なんと三分の二も削減する結果になった。

平均的な家庭にある電気製品は、合わせて年に四トンを超える温室効果ガスに対して責任があり、冷暖房を抜いて家庭の最大のエネルギー消費源になろうとしている。したがって、一言でいえば、必ずエネルギー効率評価が最高のものを買うこと。とはいうものの、話はこれで終わりではない。この週末、それっとばかりに飛び出して新品のぴかぴかの冷蔵庫を買い、わずかにエネルギー効率が劣るものと交換するのは、すでにつぎこまれたエネルギーというあの宿敵を無視した行為である。

わたしたちの家の電気製品を作るのには、何トンものプラスチックや金属が使われている。買って三年、ほこりの墓場となっている冷蔵庫を、クモの巣なしの新品に取り替える前に、ほこりを払って（コイル状の配管やドアパッキンをきれいにしておくだけでも、年に二〇〇キログラムの温室効果ガス排出を削減できる）もう数年使うことを考えたほうがいい。もちろん、必要な電気製品をキッチンに初めて据えつけようとしているなら、温暖化の観点からは、いちばんエネルギー効率のいい型を選ぶべきである。しかしほとんどの人はすでに、つやつやした扉のオーブンや冷蔵庫、洗濯機の完備したキッチンを持っている。この場合、いまの冷蔵庫や洗濯機を長くもたせればもたせるほど、組み込まれたエネルギーは何年にも引き延ばされ、効果的に減っていくことになる。だいたいの目安として、買って五年以内でまだちゃんと動いているなら、そのまま使い続けるのがいい。新しいのを購入するとなると、あの新築家屋の設計のとき同様、「大きいことはいいことだ」という罠が待ち構えている。

ケイト・カーボンはわくわくしている。キッチンテーブルは色とりどりのパンフレットや雑誌で覆われ、どれにも、鉛枠の窓から射し込む春の陽があふれる、思わず引き込まれそうなすてきなキッチンの写真が満載だ。心に訴えかけるという点ではそれより劣るものの、目のくらむような白さの冷蔵庫や洗濯機を載せた写真もあって、なぜこのモデルが、はからずも最大で、最速で、いちばん白いかを説明する仕様書が何枚もついている。カーボン家は引越しではなく家の拡張を選んだことによって浮いたお金で、キッチンの総点検をしようとしているのだ。いまのキッチンは越してきた当時とあまり変わっていないが、何年もたつうちにさまざまな電気製品が新しく来ては去っていった。最初の洗濯機など、おむつを満杯に詰め込まれたのに抗議してキッチンの床に横倒しになり、燃え出したものだった。さていま、カーボン家の皿洗い機は洗う前より皿を少々汚くしているし、クリスマスが近づいているし、テレビではキッチン改装特集をずいぶんやっているし、といろいろ重なったことが、一家を行動に駆り立てた。ジョンとしては、どれくらい大きなオーブンを買えるか、火口（ひぐち）がいくつになるかということには興味があるが、新しいキッチンのこまごましたデザインのこととなると、それほど関心がない。

カーボン一家は地元のショッピングモールへ行き、迷路のようなキッチン・ショールームのなかにある設計相談窓口に寄る。何分もしないうちにジョージとヘンリーは退屈して足をもぞもぞさせ始める。ブラシ研磨スチールの換気フードだの、ヴィクトリア朝風金線細工のカップボードハンドルだのに胸をときめかせるのはむずかしいとわかったのだ。一〇分間ぶうぶう言った末に、何も買わないことと三〇分以内に戻ってくることをきびしく言いわたされて、ふたりはすぐ隣の

「ゲームゾーン」に送り出される。子供たちを片づけると、カーボン夫妻はことば巧みな販売員と一緒に腰を落ち着ける。販売員はひとわたり質問をしたあといくつかのプランを作り、彼らの新しい壮麗なキッチンがどのように見えるかという「アーティストのイメージ」を示す。その絵にはカーボン夫妻のようなカップルまで書き込まれている。調理台表面の仕上げの美しさを愛でながらワインをちびちびやっているところらしい。ただしカーボン家の息子たちの姿は見当たらない。

「キッチンの三角形の法則」とシンクの最適サイズについて長々と話を聞かされたあと、ふたりは電気製品の選択に進む。用意されたオプションの豪華さは目もくらむほど。八つの火口があるレンジ、感謝祭の七面鳥はもとより馬半頭さえ入りそうなほど大きなオーブン、コンピュータとつながっていて、中身を常に把握し、補充が必要になると教えてくれる冷蔵庫といったぐあいだ。価格のほうもそれに見合ってすばらしく、カーボン家の電気製品をすべて取り替えると、キッチン改装費の約三倍になる。結局、よく考えて気持ちが固まりしだい電話しますと約束して、帰ることにする。隣の店のゲーム機からジョージとヘンリーを引き剥がしたあと、疲れはてた家族はさらに多くのパンフレットや設計書、仕様書を抱えて家路につく。

ジョンとケイトは、湯気の立つ濃いコーヒーを手にキッチンテーブルに向かってぐったり腰をおろし、改めてパンフレットの山を見つめる。このとき初めて、まだそう古くない電気製品を大量に廃棄するのはどうかという懸念を、どちらからともなく口にする。たしかに皿洗い機の最近の行動には問題がある。けれどもジョンに言わせれば、ローターを掃除すればまずまちがいなく新品同様になるだろう。ほかのものについては、今朝見てきた多くの製品ほど大きくもないしぴかぴかでもないけれど、ちゃんと仕事をこなしている。口をきく冷蔵庫があればおもしろいかもしれないが、どっちみちそれも最初の五分だけだろう。いまの冷蔵庫は買ってまだ三年だし、順調に動いている。茂みの中にいくつも冷蔵庫が捨てられていた光景が頭をよぎる。緑地でモリーを散歩させていたときに見たのだが、ふたりとも嫌な気分になったものだった。このことも、まるで回転扉を回すように電気製品を次々と買い換えるのはよくないというふたりの気持ちをさらに強める。巨大なオーブンと卓球台ほどもあるレンジは、たしかに家族の行事があるときにはいいだろう。でもこれまでだって、標準サイズのオーブンと四つの火口でいつもなんとかやってきた。ケイトはここで、ほんとうは、かなりボロボロになったカップボードの扉と調理台を取り替えたかっただけだと打ち明ける。それに、いくら最先端だといっても、一週間もすればどうだかわからない。そんな製品を入れる場所を作るために、完璧に動いている電気製品を捨てるのはほとんど犯罪行為に思えるとも言う。

その午後、ケバブの串の助けを借りて、ジョンが皿洗い機の問題を解決する。試運転が成功したあと、カーボン夫妻ははっきりと心を決める。いまの電気製品をすべて使い続けることにして、カップボードの扉と調理台だけを新しくしよう。ショッピングモールに電話し、手数料に飢えた販売員に悪いニュースを伝えているジョンの耳に、ケイトの声が聞こえてくる。ジュースが足りなくなりましたと教えてくれる冷蔵庫がなぜうちには必要ないかを、かなりがっかりしたようすのヘンリーに説明しているらしい。

カーボン家にいまある電気製品がすべてそれほど古いわけではなく、すでにかなりエネルギー評価のいい製品になっていることを考えると、彼らが買おうとしていた大きな新しい製品は、実は古いほうよりもエネルギーを多く使うことがわかる。大きな冷蔵庫は、たとえ最先端のテクノロジーが使われていても、耐用年数のあいだに三・五トンの温室効果ガス（もっと小さくて無口なカーボン家の冷蔵庫はたった二トン）を排出する。さらに、すでに組み込まれているエネルギー損失（ペナルティ）もついてくる。

電気製品もいつかは交換しなければならない。ジャムつきトーストをあまり何度も何度も突っ込まれれば、ビデオレコーダーは動かなくなる。砂漠の民ベドウィンのテントが作れそうなほど大量のビーチタオルのすすぎ洗いを命じられれば洗濯機は反乱を起こすだろうし、冷蔵庫は全然掃除をしてもらえないことに腹を立てて、摂氏マイナス二〇度で運転し始めるかもしれない。ここでいよいよ、例のエネルギー効率評価が真価を発揮する。家庭にある大口のエネルギー消費機器にはボイラー、冷蔵庫、洗濯機、それにますます多くの人が使い始めているエアコンなどがある。こういうもののほとんどについては、まったく使わないという選択肢はありえない。わたしたちが現実に直面するのは、型や製造元や大きさをどうするかという選択肢である。どのようなものを選ぶかで、地球温暖化に対するわたしたちの家庭の寄与はかなり違ってくる。

　最近の電気製品にはたいてい、その製品のエネルギー効率を示すラベルがついている。どうせ買うなら、エネルギー効率の良い製品を選ぶほうが賢明だ。ラベルの様式は国によって異なり、アメリカとオーストラリアでは星の数で表示し（星の数が多いほど効率がいい）、ＥＵではアルファベットで表示する。Ａが最も効率的で、Ｇが最低（Godawful（とてもひどい）のＧ？）となる。これを手がかりにしていろいろな型を比較検討し、納得したうえで購入することができる。お宅にもし自慢のＡ評価の洗濯機があるなら、Ｇ評価のエネルギー食いを持っている誰かさんよりも、年間温室効果ガス排出を最大三分の一トンまで削減できるだろう。ボイラーの場合はさらに大きな節約が可能だ。新世代の凝縮ボイラーは大きな燃料効率（九〇パーセント前後）を持ち、家庭用暖房による温室効果ガス排出を二トン以上少なくできる。イギリスでガス式セントラルヒーティングを使っている人がみなこれを設置すれば、四〇〇万世帯を暖房できるくらいのエネルギーが節約でき、温室効果ガス排出を一七五〇万トン削減できるだろう。

　どの家庭にもあるエネルギー大量消費電気製品のほかにも、それほど必須というわけではないがよく見られる電気機器や装置がいろいろある。こういった小型の装置類はどれも、使っていようといまいと、気候に対する代価を含んでいる（やはり製造のためのエネルギーがつぎこまれているのである）。

わたしたちの家のキッチンの調理台の上、居間の棚、そして浴室の窓敷居にさえ、物がある。おびただしい数だ。わたしたちは大量消費社会のよき一員として、より多くの物を持たなければならないという考え方に賛同したあげく、もっと棚を作るか、大々的なガレージセールをするか、それとももっと大きな家に引越すか、というところまで追い込まれている。何トンもの赤外線双眼鏡、パスタ製造機（「たった五時間半で自家製生パスタのできあがり」）、鼻毛刈り込みセット（「関節のあるアームで、届きにくい場所もばっちり」）が、忘れられ、使われずに、先進国社会の家々やトランクルームに眠っている。

こういった便利な小道具や目新しい品物が盛大にやり取りされるのが、クリスマスである。プレゼントあってのクリスマスというわけだが、もう何でも持っているようにみえる友人や家族たちには、いったい何を買えばいいのだろう？ クリスマスまでのお買い物日が急速に残り一ケタ台に近づくにつれ、オンラインショップの高級おもちゃ店が間に合うように配達してくれるかどうかみてみるか、それともやはり汗と涙とジングルベルが混じり合って爆発寸前のショッピングモールに舞い戻るかの二者択一を迫られる。

最終的には、ほとんどの人がやれやれと胸をなでおろす。「携帯用セイウチお手入れセット」

の最後のひとつを何とか手に入れることができた。これで一安心だ。いよいよクリスマス当日となれば、あたたかい笑顔がそこらじゅうに溢れ、やっとのことで手に入れたプレゼントを、こともあろうに自分がすでに持っている「けづめ毛ボリューム仕上げ剤つき馬の手入れセット」と交換するはめになる。これが欲しいとはっきり指定したもの以外は買わないでくれと、友人や家族全員に言うわけにもいかない。八歳を過ぎたあたりから、そういう要求をするのはどんどんむずかしくなる。けれどもわたしたちひとりひとりの心がけしだいで、欲しくもない代物をもらうという問題は減らせる。いつもの目新しい道具よりも、もっと気候にやさしいプレゼントを買うようにすればいいのだ。慈善寄付金がそのひとつの例で、すでに多くの人が利用している。たとえば慈善団体のオックスファムは二〇〇四年に三万セットを超える「ヤギのギフト」をクリスマスプレゼントとして売り出した。クリスマスカード（とヤギの写真）と途上国の人々の命を救える注射とがセットになったものである。

前に車の使用について書き始めたときもそうだったが、どうもわたしは、うっかり足を滑らせて、資本主義の価値観への反乱とあらゆるショッピングチャンネル司会者の即座の投獄を求めて、非公式に大言壮語を吐く道に迷い込みつつあるような気がする。とはいえ、わたしたちのライフスタイルを暗黒時代に戻すのはいただけない。わたしはテレビが好きだし（少なくとも一部は）、ビデオレコーダーやコンピュータを持っていてよかったと思う（なんと臆面もない消費万能主義！）。しかしこういったものを所有しながらも、先に述べたようなよけいな品物を避けることでエネルギー使用を十分抑えることができる。クリスマス、とりわけその「破産するまで消費しよう」というような側面は、この本のいたるところで多少の非難を浴びることが避けられそうもない――これくらい非難したからといって、ディケンズの『クリスマス・キャロル』に登場する亡霊、ジェイコブ・マーレイのようになってしまう運命にあるとも思えないが、少なくとも守銭奴スクルージのようには見えてしまうかもしれない。けれどわたしはスクルージとちがってクリスマスが好きだ。毎年、ホワイトクリスマスを待ち焦がれる。クリスマスを無視するなんて、とうてい無理だ。クリスマスの朝に目を覚まして、黄色っぽい光と外のくぐもったような物音から雪だとわかったときの、あのこみ上げる興奮。でもお望みなら、赤外線双眼鏡やパスタ製造機といった目新しい道具類にこだわり続けるといい。そうして、わたしたちはみなホワイトクリスマスを忘れ、雨のクリスマスに慣れていくのだ。

もし、あなたがいま家にいるなら、少しのあいだ、耳を澄ましてみてほしい。しんとしている？　よくよく注意して耳を傾ければ、たぶんかすかなブーンという音が聞こえるはずだ。ちょうどいま、わたしの耳にも聞こえている。目をやると、ステレオの小さな赤い光が音の正体を暴露している――待機電力だ。家庭のいろいろな機器をスタンバイ状態にしておくために使われる無駄なエネルギーは、ひっそりと成長するモンスターである。そういった赤い光がテレビ、ビデオデッキ、ステレオ、テレビのデジタル信号をアナログ信号に変える装置など、いたるところにあるので、それらが少しずつエネルギーを食いつぶしていることをつい忘れてしまう（わたしはいまステレオのコードをコンセントから引き抜いたところだ）。この問題に関しては、製造業者が大きな責めを負わなければならない。実はスタンバイになっているのに切れたように思わせたり、壁のコンセントからコードを引き抜く以外、完全にスイッチをオフにする簡単な方法を提供しなかったりした責任がある。

待機電力という妖怪はもう何年も前からわたしたちとともにあるが、家庭用電化製品市場の急成長によって、排出源としての重要性も急成長している。コンピュータがそのいい例だ。立ち上げるには一分以上かかるので、常時つけたままにしておくことも多く、「勉強ばかりしていて遊ばないとジャックはばかになる」ということわざが星空を背景にゆっくりと回転している。しかしスクリーンセーバーはエネルギーセーバーではない。席をはずすときはモニターのスイッチを切ること。そうすればパソコンのエネルギー消費量を半分にすることができる。つけっぱなしのパソコンの場合、エネルギー節約オプションを使うのと使わないのとでは大きな差が出る。スリープモードにすれば温室効果ガス排出を八〇パーセントも削減できる。

常時接続に伴うエネルギー消費に対して、わたしたちはすっかり感覚が麻痺してしまい、いまや、コンセントに差し込んで熱で芳香剤を蒸発させるプラグイン・エアフレッシュナーが何百万個も売れているほどだ。すべて合わせると、こういった静かに唸っている電気製品が、ただスタンバイモードになっているだけで、ほとんどの家庭の消費電力の一〇パーセント以上を食いつぶしている。平均的な家庭では、毎年四分の三トンの温室効果ガスがこのルートから排出される。国全体となると、待機電力によるエネルギーの無駄使いと温室効果ガス排出は、当惑させられるとしか言いようがない規模になる。オーストラリアでは待機電力に責任のある温室効果ガスが毎年五〇〇万トン以上、アメリカでは三〇〇〇万トン近くに達する。すべて、あの赤い光をチカチカさせておくためなのだ。

*　*　*

自家製排出パイの三番目に大きな一切れは、すでに簡単に触れたが、給湯である。わくわくするような話題とはいかないが、一家庭につき毎年最大二トンの排出となれば、無視するには大きすぎる。家庭暖房の場合同様、気候を救ううえで効果的な行動は、十分な断熱を施すことと効率的なボイラーを設置することである。温水パイプを被覆すれば、給湯に要したエネルギーからの温室効果ガス排出を年に一二〇キログラム削減できる。温水タンクに、あのもこもこした被覆材をきっちりかぶせれば、エネルギー損失を四分の三減らし、年に最大〇・五トンの温室効果ガスを削減できる。

ここにも、わたしたちの行動、特に温水の使い方を変えることによってエネルギー使用を減らす余地がある。自国政府のエネルギー省（あるいはそれに準ずるもの）のウェブサイトを覗いてみるといい。歯を磨いているあいだ水を出しっぱなしにしたり、洗濯に温水を大量に使いすぎたり、お風呂に何度も入りすぎたりすることをきびしく叱責するページがどこかに見つかるはずだ。電気温水器からの温水一五リットルにつき、約一キログラムの温室効果ガスが排出される。ぽたぽた漏れる温水蛇口を修理するだけでも、年に一〇〇キログラム以上の温室効果ガスを節約できるのだ。

家庭内の暖房や給湯、電気製品や道具類のエネルギー源が実際には何であるかが、地球温暖化の促進にどれだけ寄与しているかを決めるうえで決定的な役割を果たす。たとえばガス暖房は標準的な電気暖房に比べて、温室効果ガス排出が約三分の二少ない。家庭に供給される電気は、石炭を燃やす火力発電所でおもに作られているため、かなり大きな温室効果ペナルティを一緒に運んでくる。運がよければお宅のエネルギー供給源を、たとえば風力発電所のような、再生可能エネルギーを供給してくれるところに切り替えることができるだろう。そうすれば、あなたが使う電気製品それぞれから排出される温室効果ガスの量を九〇パーセント以上減らすことができる。

わたしたちの家庭に実際にエネルギーを供給しているものと、再生可能なエネルギーを使う利点についての話題が出たところで、ちょっと失礼して毛糸のセーターをはおってから自家発電について考えてみよう。森の奥深くに住むひげ面の木こりが、ソーラーパネルをとりつけたフロントポーチで木を削って洗濯バサミを作っている。そんな図が頭に浮かぶかもしれないが、再生可能エネルギーを家庭で作ることは意外に広く行なわれている。これは気候にやさしいだけでなく、無駄が少ない。発電所からの長距離の送電が避けられるうえ、需要ピーク時や停電のときにも安心だし、安あがりな場合もある。排出に関しては、達成できる削減幅はあなたが起こす行動の規模しだいである。たとえば小型のソーラーパネルはバッテリーの充電や庭園灯の電力、家庭での補助エネルギーに使うことができる。

自分が使う電気のかなりの部分を発電したいという人には、大きな面積をとる太陽電池が通常の選択肢となる。日の光がたっぷりある地域では、一年のかなりの期間、これで家庭の必要電力をすべてまかなうことができる。緯度が高い地域でも、標準的な設備で年間エネルギー使用量の三分の一から二分の一を供給できる。ほとんどのシステムでは、余った電力を送電線を通じて売れるしくみになっている。あなたには少々のお金が入り、ほかの人たちはあなたが作った再生可能なエネルギーを利用できるわけだ。

こういったソーラーシステムは一般に高価で、たとえ政府の補助金があったとしても、かなりの負担になる。わたしのところのようにけっして日光があり余っているとはいえない地域では、大型のパネルの作り出すエネルギーがその設置のための初期コストを相殺するには、二〇年前後かかるだろう。パネルの保証年数の二倍である。金銭的な面を別にしたとしても、そもそもそれらのソーラーパネルの製造にはかなりのエネルギーが使われており、気候にやさしいという謳い文句もだいぶ輝きが失せる。〝陽光あふれる〟スコットランドで、わが家の非常に高価なパネルが、製造につぎこまれたエネルギーを相殺できるだけのエネルギーを生み出すには、八年から一二年は稼動しなければならないとわたしは見ている。

とはいうものの技術は急速に進歩しており、太陽電池はアメリカやオーストラリアなどの広範な地域で、電線を伝わっていま送られてきている温室効果ガスたっぷりの電気に対するきわめて現実的な代替品となっている。もっと安価だが知名度は低い仲間、つまり太陽熱温水器についても、触れておく価値があるだろう。太陽電池のほんの何分の一かの価格で買え、製造にもはるかに少ないエネルギーしか使わないこの給湯システム――基本的には、水を満たしたチューブを網目状につないで屋根の上に置くもの――は、設置後わずか半年で、組み込まれたエネルギー値札を相殺してエネルギーの節約を開始する。温暖な気候の地域では、一般にこういった太陽熱温水器は給湯ボイラーに導入する水の冷たさをやわらげるのに役立ち、温室効果ガスを年に最大一トン節約できる。けれども太陽に恵まれたシドニー郊外となると、このシステムは大量の温水需要に応えることができ、温室効果ガス削減量は年に二トン以上になる。

風や水の力も、小型のタービンと適当な立地条件さえあれば、家庭の必要エネルギーの一部または全部を生み出すのにうまく利用できる。その他の方法としては、ウッドチップを利用して家庭用暖房と給水をまかなうバイオマス・ボイラーや、建物周辺の地中から熱を集めて屋内に送る地熱ヒートポンプがある。

家庭でエネルギーや熱を生み出す技術については、とりあえずこのくらいで十分だろう。ここでまた、最も肝心な部分、つまり再生可能なものであろうがなかろうが、エネルギーが家のなかのどこで、使われたり失われたりするかという問題に話を戻す。すでに三つの大きな使い道である室内暖房、電気製品、給湯について検討したので、次は気候を救ういちばん簡単な行動、電球の交換に目を向けよう。

* * *

家庭の照明のこととなると、どうしても父のことが頭に浮かぶ。わたしたち兄弟が育ったのは一九七〇年代だったが、夕方になると決まって、仕事から帰ってきた父に小言をくらったものだった。家の灯りを「ブラックプール〔夜景で有名な英国のリゾート地〕のイルミネーション」のようにこうこうとつけているというのがその理由だった。もちろん、温室効果がニュース種になるずっと前のことだが、無駄使いを見過ごしにできないたちの父は、灯りをそういうふうに野放図に使うのを（それがもたらす電気料金請求書も）嫌ったのだった。

この数十年のあいだに照明はどんどん性能が向上し、同時にわたしたちはますますふんだんに照明を使うようになった。その結果、家庭用照明は、わたしたち兄弟がリンカンシャーの片隅にせっせと自前のブラックプールを出現させていた頃よりも、さらに多くのエネルギーをむさぼっている。

個人の行動に関するとっておきの助言を載せた本では、気候にやさしい照明が常にいちばんのお勧めとなっている。理由は明らかだ。簡単にできるからである。車をやめて自転車にするとか、ソーラーパネルに大枚をはたくとかいう話ではないし、購入する食品のラベルを読むことでさえない。省エネ電球は安くて入手も簡単、お金が節約できるうえに排出も減らせる。ではどうして、まだ使っていない人がいるのだろうか？　それは誰にもわからない。平均的な家庭、たとえば一二個の照明がある家庭では、古い電球を省エネ型の電球と交換することで、家

図8　エジソン型電球からの進化

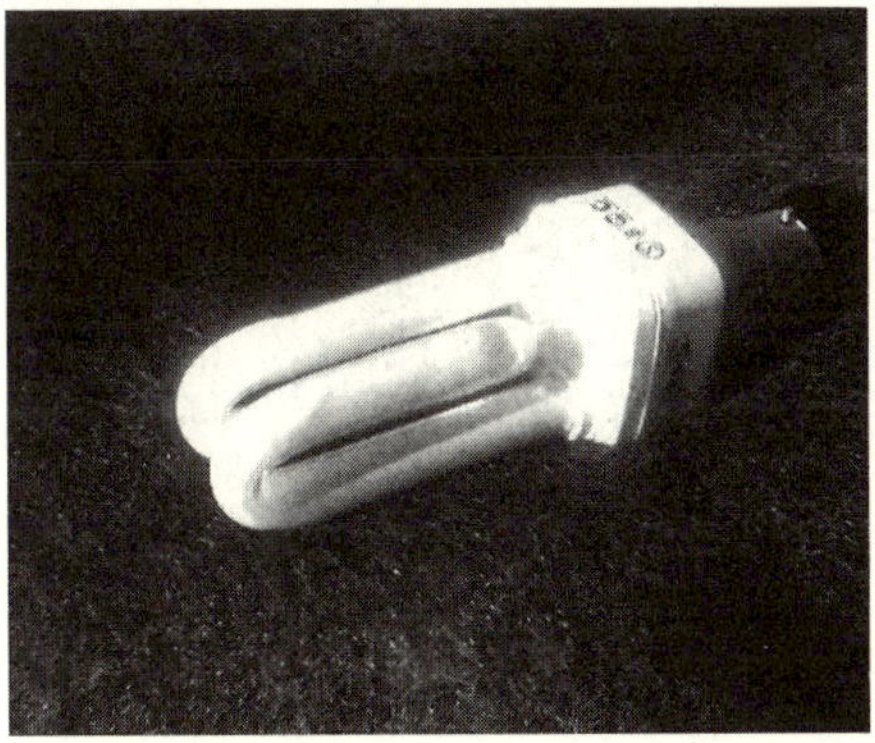

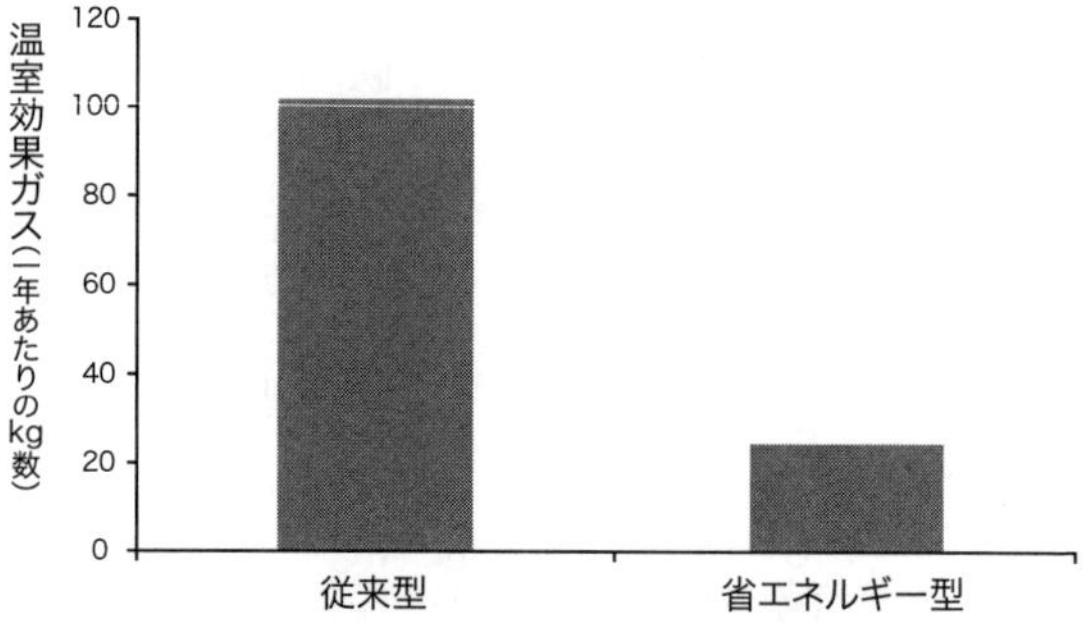

図9　省エネルギー電球の気候上の利点

庭からの年間温室効果ガス排出を一トン近く減らせる。椅子の上に数回立つだけにしては、なかなかの成果だ。今度スウェーデン生まれの量販店、ビッグブルーショップに行くことがあれば、「ベーオウルフ」柄のコースターや「ハグリッド」印のユニット棚に目移りする前に、省エネ電球をいくつかまとめ買いするといい。

照明の次は排出パイの最後の一切れ、パイに似つかわしく、調理である。一年間、電気よりもガスを調理に使えば、最大四分の一トンの排出を節約できる。そのほかの戦略、たとえば煮立っている鍋には常に蓋をする——こうすればエネルギーが三分の一少なくてすむ——とか、ヤカンには必要な量しか水を入れないとかいう方法も、家庭のエネルギー漏れを少量ではあるが効果的に減らす。もしわたしの紅茶好きの同国人たち全員が、ヤカンに必要以上に水を入れるのをやめれば、節約できたエネルギーでイギリス全土の街路灯の三分の二以上を点灯することができるだろう。

これで、エネルギーを食いつぶしては温室効果ガスを排出する、家庭内のおもな領域をすべて

表2　ひと目でわかる、家庭からの温室効果ガス排出削減法

	暖房習慣	効率的な電気製品	待機電力カット	効率的な照明	断熱性改善
温室効果ガス節約量	 最大30%	 10-20%	 5-10%	 5-10%	 最大40%

取り上げた。家庭生活をもっと気候にやさしいものにするためにわたしたちにできることが、たくさんあることがわかる（表2）。しかしわたしたちの家、ことにキッチンには、温室効果ガスのまた別の大口排出者がいて、大量のエネルギーを間接的に使い、地球温暖化への寄与を急速に伸ばしている。それは食品である。

第4章　空飛ぶイチゴ

家庭で電気を無駄使いしたり、大きな車を乗り回したりすることが気候に悪い影響を及ぼすことは、すぐに理解できる。そういったことは化石燃料を燃やすことなのだから、排出される二酸化炭素は目には見えないとしても、その行為を控えれば排出を減らせることがわかる。そういったつながりがはっきりしなくなるのは、わたしたちのライフスタイルから発生する排出が、わたしたちからいくつかステップを隔てたところで起こるときである。製品にすでにつぎこまれたエネルギーの問題が、そのいい例だ。隣の庭にある罪のなさそうなノーム〔地の精の小人〕の像に気候負荷の値札がついているなんて、誰が思うだろう？　手には釣竿、庭にぼけっと座って、だんだん苔に覆われていくノームの置き物。その気候への影響は、セメントと塗料の材料を採掘し、成型して色を塗り、最後にそれを「ノームの館（やかた）」から隣の庭に運ぶという一連の工程に使われたエネルギーに隠れている。長々と時間をかけて、「ノームとその釣竿のライフサイクル分析」に関する研究報告をいくつか読んで比較検討してから購入しようというなら、それもいいだろう。ただしこれはキリスト教世界における最も無味乾燥な文書だ。そこまでの熱意がないかぎり、何かを買いたいと思うときはいつも、単になるべく少なく買うというのが、気候に留意した選択肢となる。

そうはいっても、買わないわけにはいかないものもある。しかもそれはあのひげの魚釣りよりもはるかに高額の、隠れた気候負荷の値札をつけている。食品である。

わが家の壁のレンガや、キッチンの電気製品、庭の置き物の場合と同じく、包装ずみのチーズとハムのベーグルサンドがスーパーの棚に並ぶまでの一連のできごとには、たくさんのエネルギーが使われている可能性がある。わたしたちめがけて坂をころがり落ちてくる、わりにおいしそうな雪玉のように、昼食のベーグルには畑から食品陳列通路までの旅のあいだにますます多くのエネルギーがつぎこまれ、したがってますます多くの温室効果ガス排出が溜め込まれる。ベーグルをいわば気候の劣等性として笑いものにする前に、そして食品がたどる旅路とげっぷする牛（ホントの話）についての詳細に入る前に、気候変動とわたしたちの生活の相互関係について考えてみよう。食品が気候に及ぼす影響について、これから考えてみようとしているわけだが、逆にわたしたちが食べるものに対する気候の影響のほうはどうなっているのだろうか？

北半球の家庭が気候のうえでしだいに南に移動しているように、農場も移動している。今後二〇年のあいだに多くの農家が、これまでは低緯度専用だった作物を栽培できるようになるだろう。もちろんその反面、これまで育ててきた作物が、そういう温暖化した地域ではよく育たなくなる可能性もある。わたしたちが大気中にどんどん二酸化炭素を吐き出し、その濃度を上げているということは、作物によってはもっと速くもっと大きく育つことを意味する――当然収量が急増する。しかし、激しさを増すと予想される旱魃（かんばつ）や洪水、暴風雨で収穫が全滅した農家にとっては、二酸化炭素による成長促進も、ほとんど慰めとはならないだろう。このいわゆる二酸化炭素肥料効果さえ、必ずしも歓迎すべきこととは限らない。雑草も生長が速まるので、収穫が減ったり、除草剤を大量に使わなければならなくなったりする。結局、ある作物は収量が伸び、ある作物はぐんと落ち込むだろう。小麦や米、トウモロコシ、ダイズなどの主要作物については、二〇八〇年には収量が最大五〇パーセント低下し、国際価格は最大四五パーセント上昇して、その結果、飢餓のリスクにさらされる人口が五〇パーセント増加すると考えられる。

カリフォルニアのワイン産業は毎年四〇億ドルの収益をあげ、なかなかいいワインを造っている。二一世紀中に夏の気温がもっと高くなり、乾燥度がさらに進めば、ブドウの収穫はしぼみ、それとともにワイン産業も衰えそうだ。同様に、カリフォルニアの酪農もたぶん被害を受けるだろう。熱波や旱魃が激しさを増せば、牧草はよく育たず、家畜のストレスは増して、酪農製品全体の生産高は二一〇〇年までに最大二〇パーセント落ち込むと予想される。
ひんぱんに起こる旱魃や暴風雨、洪水のせいで食料の輸出入が乱れ、害虫や病気の蔓延がその混乱にますます拍車をかける。気候変動は先進国の食料に広範囲の影響を及ぼそうとしているが、最大の脅威に直面するのは、いまでさえしばしば飢饉にみまわれている発展途上諸国での食糧生産と供給である。

特にアフリカでは、食料の安定的確保の見通しは暗い。すでに二億人以上が栄養不足に分類されているが、農業を促進しようにも、気候上の制約が大きい。今後、カリフォルニアのワイン生産者をおびやかすのと同じ旱魃や洪水、暴風雨の激化が、アフリカの無数の命を奪うかもしれない。世界全体では、二〇八〇年には八〇〇〇万人が気候変動による飢餓の危険にさらされ、そのうち六五〇〇万人がアフリカの住民だと予想される。わたしたちがいま化石燃料を燃やしていることの直接の結果として、イギリスの全人口が飢えに直面するとしたらどうだろう？　まさにそれに匹敵する規模である。わたしたちが今日食べている食品さえ、明日のアフリカやアジア、南アメリカの多くの人々を飢えに追いやるかもしれない。

そこでわたしたちの戸棚や冷蔵庫、スーパーマーケットにある食品だが、実際にはどうやって、そのような高額の〝気候負荷〟の値札がつくようになったのだろうか？　そしてどうすれば、食料品店の勘定に隠れたこの請求書を避けることができるだろうか？　すべては農場から始まる。

農業は人間に関連があるメタン排出のほぼ半分、亜酸化窒素排出の四分の三に責任がある。

小麦畑のような、一見害のなさそうなものを考えてみよう。かつては森林で、二酸化炭素を吸収し、固定していた場所だ。毎年、収穫後に土は耕される。すると深いところにあった炭素分の多い土が空気にさらされ、二酸化炭素がどっと大気中に出て行く。次の小麦が速く育つように、農夫は何トンもの窒素肥料を畑に施し、亜酸化窒素の排出を増加させる。どの作物についても事情は同じ——窒素肥料を施し、亜酸化窒素を出させている。

それにメタンがある。メタンを発生させる微生物は湿ったものなら何でも好きだ。ブーツをはいて沼地に踏み込み、泥から泡がぶくぶく出るのを見たことがあるだろうか？　あれがメタンだ。たいていの場合、野菜の腐ったような臭気と、ブーツが完全防水でなかったという意識が、じわじわと忍び寄る。ブーツを呑み込む泥と同じで、水気をたっぷり含んだ水田の土には無数のメタン産生菌が棲んでいる。これらの菌が年に六〇〇〇万トン前後のメタンを吐き出す。

そういった排出について、作物の消費者であるわたしたちにできることは、ほとんどない（無駄を出さないことや自分で育てることを別にすれば）。世界中の政府がすでに畑に施す窒素肥料の量を制限しようとしているし、特に、流れ出た肥料が飲料水に混じるのを止めようとしている。稲作農家も、水田の土をもう少しひんぱんに乾かして、メタンの発生を抑えるようにという指導を受けるようになっている。食品関連の温室効果ガス排出がほんとうに大量になり始めているところ、そしてわたしたちにいくらか選択の余地があるところ、それは肉である。

ふつうの牛を思い浮かべてもらいたい。亜酸化窒素を排出している肥料漬けの畑で育った穀物を大量に食べるほかに、彼女はバケツ何杯分ものメタンも出す。野原をのそのそ歩き回りながら、この牛も仲間たち全員も、昼となく夜となくメタンのげっぷをする。たった一日で、この典型的な牛のデイジーちゃんは約二〇〇リットルのメタンを大気中に吐き出す。牛をたくさん飼っているところでは、大量のメタンが発生することになる。

図10　牧歌的なげっぷ

たとえばオーストラリアでは、家畜がげっぷで吐き出すメタンが年に三〇〇万トンという莫大な量に達し、気候への影響という点で二酸化炭素を追い越しそうになっている。ニュージーランドでも似たようなことが進行中で、その大部分は五〇〇〇万頭かそこらいる羊のせいである。エネルギー使用と人の移動が温室効果ガス排出の主要な原因であるアメリカでさえ、牛の出すメタンが年に五〇〇万トンにものぼる。牛はメタンを排出する農場の仲間たちのうちでは最大の動物だが、より暖かい世界への道をげっぷで切りひらく唯一の動物ではない。一頭あたり一日三〇リットルのメタンを出す羊が一枚加わり、豚も約八リットル排出する。

そう、人間も人によっては大量のメタンを放出しうる（ただし人間の場合、心配する必要があるのはげっぷではない）。ありがたいことに、そういう体調になることはきわめてまれである。ほとんどの人はほんの数百ミリリットルほどを、自宅のトイレというプライベートな空間で出しているだけだが、なかには日に三リットルものメタンを排出する人もいる。社交生活に支障をきたさないかと心配になるが、たぶんきわめて孤独な生活を送っている人なのだろう。

したがって、食肉処理場への片道旅行の日がやってきたときには、飼料とメタンに関わるエネルギーと排出のおかげで、肉には大きな気候負荷が蓄積されていることが多い。ビーフステーキ一枚一枚が、たとえ輸送を計算に入れなくても、その重さの一五倍ほどの温室効果ガスに匹敵する。朝食やランチ、お茶の時間にも動物を少々食べるのが好きなオランダでは、食品に関連した排出全体のほぼ三分の一が肉によるものである。ちなみに、げっぷの多い牛と穀物飼料を必要とすることが明白な酪農製品は、オランダの食品関連排出の四分の一近くを占める。

たとえ温室効果ガスの高額の値札がなくても、肉の統計数値にはかなりしゅんとさせられる。現在、八億の人々が栄養不足または安定した食物供給を欠く状況にあるが、この人々が必要な食物を手に入れるためには水が不可欠である。その貴重な水の多くが、家畜の飼料を育てるために使われている。一キログラムの牛肉を生産するには一五立方メートルの水を使う。穀物一キログラムには三立方メートル以下しか必要ない。肉は同じ栄養価の作物の七倍もの土地を使う。第二次大戦以来、西洋先進国のわたしたちひとりひとりが食べる肉の量はどんどん増えて、ついに年一〇〇キログラムに達している。一日につき、ひとりステーキ一枚である。

わたしは肉が好きだ。炭火焼ソーセージとお隣さんのスパイシーなケバブがなかったら、わが町内のバーベキューはずいぶんもの足りないものになるだろう。どこで道を誤ったかといえば、それはわたしたちがいまむさぼっている量にある。肉はかつてごちそうだった。とても高価なうえ、常に手に入るとは限らない物だった。ところが集約的な生産法によって農家とスーパーが肉の値段を引き下げた結果、チキンまるごとが目抜き通りのコーヒー一杯にも満たないレベルにまで下がった。いまやわたしたちは、動物の肉の大きな塊のない食事は食事とはいえないと感じる。こういう低価格が、ちょうどフェリシティ・ローレンスが近著『危ない食卓』(邦訳、河出書房新社)ではっきりと警告しているように、大きな社会的コストや環境コスト、医療コストを覆い隠しているのである。

どれほど気をつけたところで、肉が気候にとって悪いものだという事実に変わりはない。オックステール・スープに浮いたもう一匹のハエ——道徳的な欠点である。ひたすら詰め込む量を減らせば、いくつかの面で違いが出てくる可能性がある。もしあなたが自分の健康または動物の権利の観点からずっと前に肉食をやめていたなら、同時に排出にも大なたを振るったことになり、自分で自分をほめる資格がある。もしわたしのように、レアステーキのことを考えただけでまだよだれが出てくるなら、少なくとも量を控えめにするくらいはしよう。もっと健康になるというおまけまでついてくる。ビーフバーガーかステーキを月に二回減らしただけでも、あなたの年間温室効果ガス排出を三分の一トン削減できる。

食物や、そのつぎこまれたエネルギー、その地球温暖化への寄与についての調査は、徹底的にやらなければ意味がない。わたしの目の前には、食塩無添加ナッツからマーガリンまで、全粒パンからアルコール強化ワインまでと、ありとあらゆるものについて、つぎこまれたエネルギー量を記載した論文がある。スウェーデンの特に熱心なグループは、単に豚肉につぎこまれたエネルギーを計算しただけでなく、生の豚肉、冷凍豚肉、スウェーデン産の豚肉、ヨーロッパ産の豚肉、ポークシチュー、ポークソーセージについても数値を出している。

食物のライフサイクル全体、つまり畑から皿までの全工程を考えた場合、温室効果ガス排出に関して肉と野菜では著しい違いがある。そこで、サウナや家具ならびにインテリア、それにそう、アバのふるさとであるスウェーデンを訪ねてみることにしよう。法外な値段のビールで陶然となった一夜が明け、朝はうめきながら水をすすって過ごしたあと、わたしたちはビュッフェ式のランチをとろうとホテルのレストランに下りて行く。

本日のメニューには食欲をそそる五品が用意されている。ローストポーク、ゆでたニンジン、生のトマト、フライドポテト、ビーフシチューだ。もしそれぞれのトレイに気候負荷の値札がついていたなら、次のようになるだろう。ニンジン一盛りにつき五〇グラムの二酸化炭素、つやつやしたトマトは三三〇グラム、おいしそうな匂いのポテトはたったの一七グラム、ところがポーク数切れは食欲も減退しそうな六一〇グラム、そしてビーフシチュー二すくいが、なんと一五〇〇グラムという大量の温室効果ガスに匹敵する。

トマトはスウェーデン産だが、温室で栽培されたものだ。たとえ戸外には雪が積もっていようと温室内をうららかな陽気に保つため、石油暖房が使われる。そのせいで、大きな気候負荷の値札がつく。貯蔵、特に冷蔵もエネルギーを食う。ニンジンについては、全排出量の六〇パーセントが、スーパーが欲しがるときまで冷蔵しておくことから生じる。次に待っているのが、気候にとって追加の一撃となる食品輸送である。

農場の門を出るとき、すでに気候への大きなパンチが詰め込まれている食品もあるわけだが、それ以外のものにとっては、地球温暖化への寄与がほんとうに蓄積し始めるのは旅に出るときである。国境を越え、さらには大陸を横切る長い長い旅になることもある。

お宅の戸棚または冷蔵庫から食品を適当に五つ六つ取り出してみてほしい。目の前に並んだ食品は、お宅のキッチンに来るまでに、おそらくのべ何千キロもの道のり――いまではフードマ

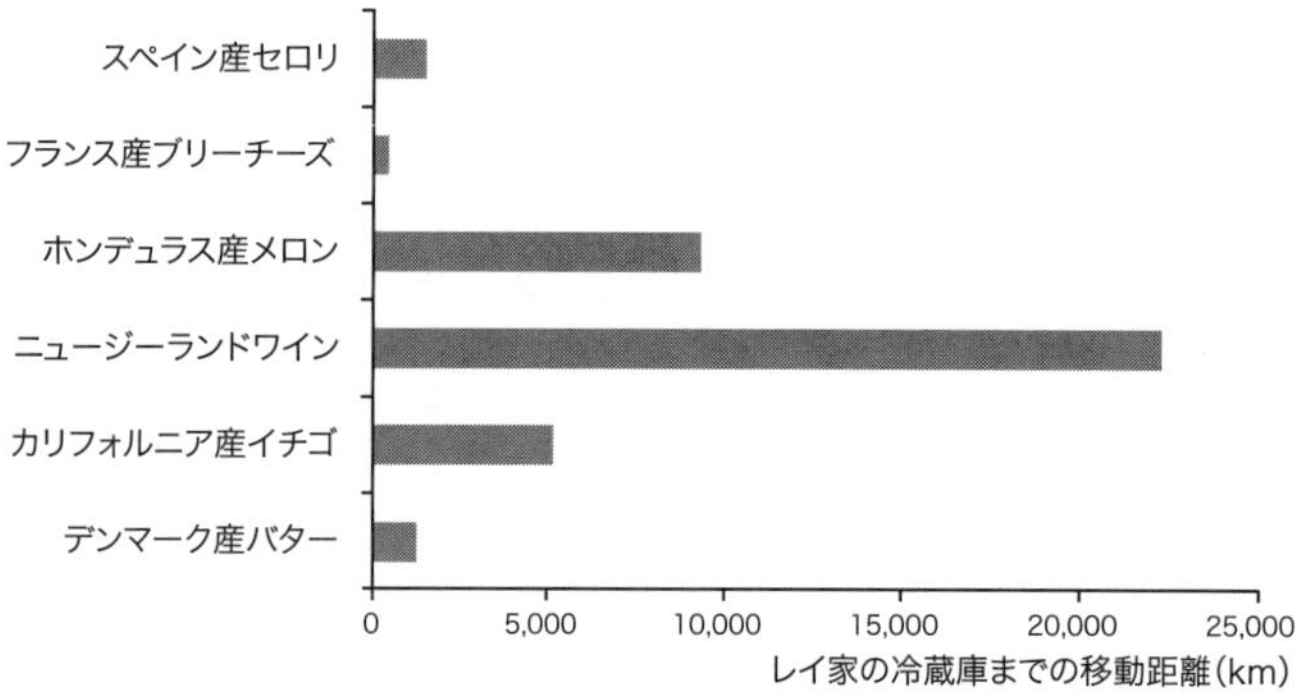

図11　冷蔵庫の中の世界一周

イルと呼ばれている——を旅してきたはずだ。図11のなかなかおいしそうな食品六品目は、スコットランドのわが家の冷蔵庫に来るまでに合わせて四万キロ以上も旅してきたことになる。ただしこれはあくまで、もしわたしが、旬のものや地場産のものを食べようとか自分の食べ物は自分で育てようとかいう運動の熱心な伝道者でなかったらの話なので、誤解のなきよう。食品のこの長距離輸送は、大量の化石燃料の燃焼、したがって大量の温室効果ガスの排出を意味する。

例のスウェーデンのビュッフェは、大部分がスウェーデン国内で製造されていたこともあって、わりあい低フードマイルだった。ぜいたく品や季節外れの食品についてはどうだろう？　七つの海を越え、大陸を縦横にトラックで運ばれ、あるいはハーレー・ダビッドソンをもらえるほどのマイル数を空路で獲得している食品の場合は？　気候の値札はもちろん高額になる。最近の研究によれば、かごひとつ分の二六品目の有機食品は、進んだ意識を持つ消費者がペダルをこいで家に持ち帰る前に、総計で二四万キロを走破し、八〇キログラムの温室効果ガスを排出していたという。

職場であなたがとる昼食を考えてみよう。自慢できるようなお昼を食べているというのはまれで、たいていはこれからまた四時間キーボードを叩くための燃料補給といったところだろう。会社を飛び出して店に行き、例の包装ずみのチーズとハムのベーグルサンド、飲み物、果物少々をわしづかみにして、この透明なプラスチック包装のコレクションに対して気前よく代金を払う。自分のデスクに戻るとベーグルの包装を破り、切った親指の血を止めるためにしばし手を止めたのち、冷たい戦利品をむしゃむしゃやりながら、「パッケージ傷害と訴訟」とグーグルの検索画面に打ち込む。

すでに述べたように、ハムとチーズの製造は大量の温室効果ガス排出をもたらす。それらをベーグルに挟むには、処理や冷蔵保管、一〇〇〇キロの旅のあいだにさらに排出が蓄積される。こういった排出にハムとチーズの周りのバターつきパンの排出を加えれば、総合して五〇〇グラム近い温室効果ガスの気候値札をつけたベーグルサンドができあがる。これだけでもずいぶんおなかにもたれそうな軽食だが、まだプラスチック包装の分には手をつけていない。それについてはもっとあとで述べる。

健康のことも考えなければと、あなたはブドウひと房とミネラルウォーター一本も買う。ここで事態は一気に悪化する。カナダのせせらぎの絵がついたビン入りの湧き水は船とトラックで六〇〇〇キロも旅してきたもので、スーパーマーケットに着いたあと、ずっと冷蔵庫に保管されていた。ありていに言えば水道の蛇口から出てくるものの高級版を詰め込んだこのビン一本が、三〇〇グラム近くの温室効果ガスに相当する――これこそ重水である。

もっとすごいのはブドウだ。ここまでは、食べ物も飲み物も、船やトラックやバンを使って、海を渡り国境を越えてきたものである。ブドウはわたしたちを航空貨物の世界に連れて行く。石油備蓄の取り崩しや、空の旅の急速な成長による環境破壊を心配するいっぽうで、世界中の珍しい果物や野菜を何トンも空輸し続けるとは、実に矛盾している。

あの二〇〇グラムのブドウはあなたのデスクまで一万キロを超える旅をしてきたもので、そのほとんどはジェット機による。この輸送で一・五キログラムの温室効果ガスが加わった。これはブドウ自体の重さの六倍もの排出であり、気候に優しくない電球を週末中つけっぱなしにしておくのに匹敵する。地球温暖化の観点からしてミネラルウォーターが鉛のミルクシェイクのようなものだとすれば、このブドウはボールベアリングのボールが詰まった袋のように、ずしりと胃に響くにちがいない。

食品空輸の加熱ぶりは、いまやばかげているとしかいいようのない段階に達している。そのときどきの売れっ子シェフが目新しくものめずらしい材料を使うたびに、生の車海老とかパパイヤに対する需要がどっと高まり、しかもそれがその日のうちに空輸される。フェリシティ・ローレンスが『危ない食卓』のなかで手結びされたチャイブ〔ネギの一種で若葉を薬味にする〕の束の一生を追跡しているが、それが実態を余すところなく語っている。チャイブはイギリス国内で出荷され、国内で買われて消費される運命にあるにもかかわらず、まず「手結び」のためにケニヤに空輸され、そこで小さな束にされて、またまっすぐ空輸で戻される。これによっておよそ一万四〇〇〇キロを旅し、二〇グラムの束ひとつにつき一キログラム以上の温室効果ガスを出すことになる。

先進国ではどこでも事情は同じである。一九七二年にシカゴの市場にあったブドウは約二五〇〇キロを旅してきていたが、一九八九年にはチリがブドウの主要な供給源となっていて、平均輸送距離は倍近くになった。

地元で生産されたものや自分で育てたもの**だけ**を食べ、冬は体にガチョウのあぶらを塗りたくって防寒用の長下着にわれとわが身を縫い込み、秋に収穫した残り少ないしなびたリンゴをかじってなんとかしのぐ——みながみな、そんな生活をすべきだというのはばかげている。しかし食品の一部を地元産のものにするだけで、排出を大幅に削減できる。リンゴは、しなびていようがそうでなかろうが、そのいい例である。イギリスではスーパーの棚は輸入物の天下で、国産リンゴの収穫時期でさえ、陳列されているさまざまなリンゴのほとんどはニュージーランドやオーストラリア、南アフリカから輸入されたものである。南半球から旅してきたものではなく地元産のリンゴを買うことによって、食品に関連した温室効果ガスをほぼ九〇パーセント削減できる。

さて、この旅なれた気候ケーキに最後のしあげをする砂糖衣が、買い物のための外出である。買い物の回数とその距離は近年増えてきており、平均して年に二〇〇回を超える。目抜き通りをそぞろ歩きながら肉屋やパン屋、食料雑貨店などに寄れば、車を使うよりも明らかに排出は少ない。けれども、目抜き通りで食料品を買うというスタイルはどんどんすたれている。もう地元の商店街などないという場合が多い。代わりに、飛行機の格納庫のような郊外型のショッピングモールがある。その何ヘクタールもある駐車場とわたしたちとのあいだには、車がごうごうと唸りをあげるアスファルト道路が何キロも続いている。フランスの青カビチーズからカエルのカーミットの小さな陶像まで、何でも揃うこういう倉庫があるからには、買い物の回数は少なくてすむはずだ。ところがそうではない。

車での二五キロの買いだしは五キログラムの排出に相当する。ショッピングカートに入れた品物全部にこの買いだし分を割りふれば、それぞれの気候負荷値札に加わるのは一二五グラムですむ。ミックスナッツ一袋のために「ちょっと」出かけたりするから、まるまる五キログラムの温室効果ガスが、おかしなナッツのお菓子にずしりとのしかかるのである。常に買い物リストを作り、ナチョスの新フレーバーの宣伝を見るたびに車のキーをわしづかみにする誘惑に抵抗することによって、そういったよけいな買いだしをなくすこと。それが第一歩である。

もうひとつの、きわめて二一世紀的な選択肢は、ぐらぐらする自転車に乗った御用聞きの日々に戻ること、すなわちインターネットショッピングである。一台のトラックで何十家族もの一週間分の食料品を配達できる。車での何十回もの買いだしを避けることができ、温室効果ガスの排出を二〇パーセントから九〇パーセント（配達先がどれくらい固まっているかによる）減らせる。

気候に留意した食料買いだし法を選ぶかどうかは、「自分にできることをする」ことと先進国での現実の生活とのあいだに起こる衝突の典型的な例だ。食料の買いだしで肝心なのは、限られた予算で次の一週間家族をちゃんと食べさせることと、あなたの堪忍袋の緒が切れ、子供たちが袋入りのトイレットペーパーで叩き合いを始める前に店を出ることである。

高価な有機農産物を満載したかごを持ち、どことなくうぬぼれたようすの（エネルギー節約パンフレットのモデルはまちがいなく彼らだ）、別に急いではいない「道徳的な」買い物客でさえ、結局は温室効果ガスの重荷をしょい込むはめになることもある。それどころか、彼らこそ、手結びのチャイブをいちばん買いそうな人たちである。南アフリカ産の有機ベビーコーン、ニュージーランド産のラムチョップ、オーストラリア産のワインと一緒にその夜のディナー・パーティーに出し、そのいっぽうで、最近の洪水を話題にしては、心配そうに両手をもみ絞るのだ。

わたしたちは四六時中、食品に関するメッセージの集中砲火を浴びている。脂肪を控えめに、砂糖を控えめに、有機食品を買おう、フェアトレード（公平貿易）商品を買おう、といったぐあいだ。このリストに、「低フードマイルの食品を買おう」とぜひつけ加えるべきだが、いざ実行するとなるとむずかしい。ラベルは気候への影響についてほとんど教えてくれないし、スーパーで扱っている地場産品は範囲が限られていることが多い。どの食品が地球温暖化グレムリンでどれがそうでないかがわかれば、ラベルにたとえばフードマイル数が書いてあれば、わたしたちは十分に情報を得たうえで選択できる。そうなればスーパーに対しても、もっと地元産のものを売るようにという圧力になるだろう。

ひとつの提案として、減量する人の支援組織「ウェイト・ウオッチャーズ」の温室効果ガス版である「クライメット・ウオッチャーズ」はどうだろうか。買い物のレシートを持って集会に行き、自分がどれだけの重量（の温室効果ガス）を得たかあるいは失ったかを教えてもらうというものだ。思わず、「今月のクライメット減量成功者」のイメージ——過去四週間、イラクサのお茶とゆでたカサガイだけで命をつないだあごひげの男性——を頭に浮かべてしまうが、アイディア自体は理にかなっている。ともあれ、「クライメット・ウオッチャーズ」の支部があちこちの教会のホールで誕生するまでは、「原産地表示」ステッカーを頼りに、世界を股にかけた食品とそれが象徴する気候への脅威とを避けていく必要があるだろう。

先進国では、平均的な人が食品を通じて余分に排出する温室効果ガスは年に一トンである。世界を股にかけたスーパーの食品を毎週ショッピングカートに山積みにすると、それが年に四トン以上に押し上げられる。反対に、気候に留意した食品、つまり空輸などされていない地元産の食品を選べば、年間の食品関連排出を三分の一トン前後に縮小できる。実に九〇パーセントの削減になる（表3）。野生の木の実や草の実で命をつなぎ、たまに地虫や丸焼きにしたリスで変化をつけるというような生活に切り替える必要はないのだ。

　ステーキの回数を減らし、輸入果物の棚を軽蔑の目で眺める——一年の大半はそうやって過ごしたとしても、食品も含め何もかも大きく消費が高まるときがある。それがまだ出番を待っている。その何週間かは、フードマイルや買い物かごの中の肉の量、ウェストサイズに目を光らせようという考えなど無視されがちになる。それはクリスマスや感謝祭のような祝祭である。

　そう、あのスクルージの季節だ。いま話題にしているのは食べ物のことだが、ほとんどの人が、そういった祝祭の中心は大がかりな食事だと考えている。というわけで、ごまかしはやめて現実を直視しよう。

表3　食品に関連した温室効果ガス排出はどこまで削減できるか

	肉と乳製品を減らす	低フードマイル食品	買い出し回数を減らす	食料品配達	家庭菜園
温室効果ガス削減量	最大30%	最大90%	5-10%	5-10%	最大100%

今夜はクリスマスイブ。松の葉の香りがあたりに漂い、ラジオ局はビング・クロスビーを延々と流し続け、どちらの親戚をよぶべきか、どちらの親戚を訪ねるべきかという議論にも決着がついた。カーボン家にとって、クリスマスは伝統的な行事である。カーボンおばあちゃんが泊りにくるし、子供たちはといえば、希望通りのプレゼントがもらえるかどうかで、手がつけられないほどの興奮状態に陥っている。正面の窓にはもうクリスマスツリーが立っていて、明るく輝く豆電球やミニチュアのエルフたち、ゆっくり回転する小球で飾られている。ツリーのけばけばしさも、窓の外の装飾に比べたら無に等しい。隣人たちに遅れをとるまいと決心したジョン・カーボンが、今年は思い切ってお金をかけたのだ。正面の生垣はまばゆい一〇〇個の白い電球のパワーでちかちかとまたたいている。ひさしには白く輝く「つらら」がずらりと並び、前へ後ろへと絶え間なく打ち寄せる灯りの波がそれをいっそう引き立たせている。屋根の上には明るく点灯されたサンタクロースがいて、贈り物を満載したそりに寄りかかりながら、道行く人全員に手を振る。そりを引く四頭のトナカイも、さらに明るい何百個もの色つき電球で飾られている。前庭では、見逃された木は一本もない。どの枝もびっしりつながった豆電球に覆われ、それがランダムについたり消えたりしている。

ジョンとケイトはショッピングモールで、残りの人類全部かと思われるような群集と押し合いへしあいをしようとしているところだ。駐車場を五、六回も回ってようやく空きを見つけ、二分の一キロをてくてく歩いて店に着くと、まばゆい照明と、シャンシャンと鳴る調子のいい音の壁にぶつかる。これこそ、クリスマスショッピング。ふたりの目的は子供たちへのプレゼントをいくつか買い足すことと、二六日の「クリスマスの贈り物の日」までもつだけの食料品を買うこと。攻撃目標を見失うことなく、いちばん近くでハンドベルを鳴らしているグループとの衝突も避けて進まなければならない。

子供たちへのプレゼントはいつも決まって電子器具なので、ひとつの店で全部揃う。ジョージがどうしても欲しいと言っているのは新しい携帯電話。新しいゲーム機もだという。ヘンリーには新しいラップトップがメインのプレゼントだが、おまけとして新しい携帯電話もつける。ジョンとケイトはこの機会に大型のプラズマ・テレビも買うつもりだ。ジョンが数か月も前から恋い焦がれていたものである。

携帯電話を何機種か試し、ジョージの新しいゲーム機に添えるゲームとして「独裁者：鎮圧と統制」を選んで電気店の難所を切り抜けると、次は食品ホールに行き、生のクランベリーの最後のパックをめぐって二〇〇人と戦う番だ。おのおのショッピングカートをぐいと引き寄せ、長い買い物リストを見ながら、ふたりは乱闘に突入する。そして来るべき暴飲暴食の日々、家族を満足させるために考えておいた食品を集め始める。

三時間後、熱狂的な買い物も終わって（少なくとも二日はしなくてすむ）、カーボン夫妻は家路につく。あとは食料品をしまって、目を光らせている子供たちに見つからないうちにプレゼントを包むだけだ。カーボンおばあちゃんも、ちょうどこれからというときに到着し、クリスマスイブの興奮が高まるなか、一家は豪勢な食事の第一回目のテーブルにつく。

クリスマスの日は、もしかしたらホワイトクリスマス、とはかない望みを抱いていた家族全員ががっかりしたことに、暖かい雨のなかで明けた。もう二〇年も、クリスマスには雪が降っていない。物置のそりも一月になれば出番があるかもしれないが、それも確かではない。ステレオから流れるクリスマスキャロルがテレビで放映されている『素晴らしき哉、人生』と競い合うなか、全員が集合して、いよいよ贈り物を開ける。包装紙が破かれ、目先の変わったネクタイが胸元に当てられ、新しい装置のために急いで電池が探し出され、新しい本の表紙の文字が読まれる。プレゼントを開ける一連の長い騒ぎが終わると、テーブルにはいちばんいいスプーンやフォーク、グラス類が並べられる。キッチンでは「総員甲板へ」というわけで、小型のダチョウほどもある七面鳥がオーブンから取り出され、さらにハムや詰め物料理やマッシュポテトの皿が続く。やっとのことで手に入れたクランベリーのゼリーがたっぷりと皿にすくい取られ、鍋のソースが火から降ろされる。ダイニングルームではそれぞれが祝宴に備えて位置につき、大皿が次々に登場するにつれ、その重みにテーブルがうめく。テーブルが限界に達したように思われたそのとき、シャンパンにワイン、ビールにコーラが現れる。グラスが満たされ、そこらじゅうで掲げられたあと、宴会が始まる。かなりの時がたち、最後のスプーン一杯のマッシュポテトがようやくおなかに納まり、チェリーパイのあの一切れがジョンのベルトを最後の穴まで緩めさせる原因となったあとは、皿洗い機に汚れ物を押し込んで新しいテレビの前に腰を据え、クリスマスの映画を見る時間だ。うまくいけば、またあとでコールドミートのピクルス添えの時間が来たときには、胃がわずかに縮んでいて、全員が感じている食べ過ぎのむかむかも治まっていることだろう。役に立たない取扱説明書や行方不明のコネクタに頭に来たジョンが派手な悪態をついたあと、ジョージがすぐに新しいプラズマ・テレビの据えつけを引き受け、映るようにする。サラウンドシステムの音響にはすぐに、おばあちゃんとジョンのいびきが加わる。

もっとあとで、ジョンが戸外のイルミネーションのスイッチをパチンと入れたために家中の灯りが薄暗くなった頃、カーボン一家にもしばし感慨にふける余裕が出て、これで今年のクリスマスも終わりだなとしみじみ思う。ボウルに何杯ものナッツや砂糖菓子をまたもや貪り、新しいDVDを楽しみ、そして翌日の買い出しには誰が行くか、食料品は何を買わなければならないかについての意見交換が終わると、子供たちは寝る時間になり、全員にエッグノッグが一杯ずつ配られる。

カーボン家のクリスマスの食料消費は先進国ではごく普通の水準である。ボウルに何杯ものナッツ、何箱ものお菓子、クリスマス用靴下に入れたみかん、七面鳥と付け合せ、たっぷりのワインと蒸留酒、チョコレート——すべて合わせると、温室効果ガス排出は軽く二五キログラムを超える。ふつうの日の二倍である。クリスマス休暇全体では、各家庭がおよそ四分の一トンの温室効果ガスを食料品だけから吐き出す。しかもこれで終わりではない。

電力もよけいに使われる。特に、例のクリスマス電飾が問題だ。カーボン家でみると、手を振るサンタはもちろんのこと、何百という電球がクリスマス期間中に二〇〇キロワット時ほどの電力を消費する。その結果一二〇キログラムの温室効果ガスが余分に大気中に出て行き、次のクリスマスもホワイトクリスマスとならない確率を押し上げる。アメリカ全体では、お祭り気分の灯りが毎年二〇億キロワット時を浪費する。二〇万世帯に一年中電力を供給できるほどのエネルギーである。

電力のもっと持続的な流出、そして温室効果ガスの吐き出しが、あの盛り沢山のプレゼントという形でもたらされる。どれにも、つぎこまれたエネルギーの値札がついているのだ。クリスマスの日の午後にはどこの家でも、点滅したり、キーンと唸りを上げたりする機械類で騒々しくなる。なかには、付属の電池を使い果たすとともに出番が終わり、埃っぽい戸棚に追いやられるものもある。もっとしぶとい電子装置はすぐに所定の位置に納まって待機電力のブーンという音をさせ始め、それに関連して四分の三トンの温室効果ガスを排出する。

最後に、わたしたちのクリスマス消費の貪欲ぶりをいちばんはっきりと示す側面を取り上げよう。廃棄物である。どんちゃん騒ぎをして、プレゼントも全部開け終わると、たいていの人は重い体を引きずってでも外に出たくなる。腹ごなしのために少し新鮮な空気にあたろう、満杯の胃袋に次のごちそうのための場所をあけなくては、と思うのだろう。外に出れば、どの家の裏口にも置いてあるゴミバケツが、家の中でどれほど大規模な消費が進行中だったかを教えてくれる。どこのバケツも、包装紙や梱包材、残飯や空きビン類の猛攻撃に耐えられるほど大きくはない。クリスマスの数日間はゴミ収集車の作業員もたいていは家にいて自分のゴミの山を築いているので、この時期は、各家庭がどれだけ多くのものを捨てているかをほんとうに知ることのできる、一年のうちでもまれな機会だ。通りの角は膨らんだビニール袋でまたたくまに埋め尽くされ、サンタ柄の紙が、袋の口から覗いたり風に吹かれて通りの向こうまで飛ばされたりしている。翌週になるとクリスマスツリーが姿を現し始める。ふさふさと茂っていたのが哀れな茶色い骸骨になり、ゴミバケツに入れるには大きすぎるというので次の収集日まで外壁に立てかけられて、しょぼんとした姿をさらしている。これらの廃棄物はやがて何台ものトラックで集められ、埋め立て処分場を急速に満杯にする。クリスマスのたびにイギリスは二二五万トンの残飯、包装紙、梱包材に加え、およそ六〇〇万トンのクリスマスツリーを廃棄する。アメリカではさらに度肝を抜くような数字となり、新年が来るたびに三三〇〇万トンのクリスマスツリーが捨てられる。埋め立て処分場の微生物へのこのクリスマス大盤振る舞いは、一家庭につき二〇〇キログラムの余分な温室効果ガス排出につながる。

西洋の平均的なクリスマス——食べ物とプレゼント、電飾と廃棄物——は大気にとって、へたくそに包装した〇・五トンを超える温室効果ガスのプレゼントとなる。これらの排出を減らす最も直接的な方法はそもそも消費されるものの量を減らすことであり、何トンもの包装紙やばかげた帽子、古くなった枝については、埋め立て処分場以外の処分場所に回すことである。こうして手際よくゴミが片づけば、次はわが家の裏庭に目を向ける番だ。地球温暖化ガスの大きな排出源となる可能性を秘めた場所であり、削減するのにもいい場所である。

第5章　わが家の裏庭で

裏庭はますます家の延長とみなされるようになってきている。日中にテレビをつけると、園芸の達人が庭をもうひとつの部屋にする方法を教える番組を必ずやっている。いまではヨーロッパや北アメリカのいちばん寒い地方でも、戸外のデッキでバーベキューをする家族の姿が一年中見られる。寒い日もあるだろうが（このごろでは少ないとはいえ）、テラス用のヒーターを何本も立てれば冷えることはない――気候コントロールすなわち暖房にとっても気候変動対策にとっても、決定的なことばだ。アウトドア生活に対するこの深まりゆく愛に伴い、新しい一大産業が興った。あの陽気なテレビ園芸家から、スリム・ホイットマンのヒット曲を奏でる電子チャイムに、歩くと光る芝生と、何でも売っているガーデンセンターまで、実に多彩な業界である。わたしたちはすばらしいアウトドアがほんとうに好きなのだ。

ところが、気候変動がせっかくの楽しみを台なしにしようとしている。二〇五〇年のテレビ園芸番組では、「ハンギングバスケットは必ず三個組で」といったテーマはあまり取り上げられなくなり、「うちの芝生が枯れ、子供たちはダニにたかられた」という話題が多くなるだろう。庭の奥には何が待ち構えているのだろうか？　ホームコメディ『ザ・グッドライフ』風の、のんきな生活でないことは確かだ。

ためしに鼻先をドアから突き出してみるといい。空気のなかに漂う、気候変動の最初の衝撃に出くわすにちがいない。煙の匂いである。地球温暖化は夏のきびしい日照りをもたらすと予想され、それに伴って森林や放牧地の火災も増えると考えられる。暑い時期の煙は、洗濯物を外に干すのに困るだけではない。健康にも悪影響がある。一九九七年に東南アジアで大きな森林火災がいくつも起こったときには、合流した煙で空が何週間も暗くなり、呼吸器疾患が三倍に増え、学童の肺機能の低下がみられた。その翌年にはフロリダで燃え盛った火災のせいで、喘息や気管支炎の急患が倍になり、胸の痛みによる入院が三割増えた。

研究の結果、夏の酷暑と、さまざまな大気汚染物質による健康被害につながりのあることもわかっている。たとえばラドン濃度の上昇（肺がんの一因）や地表オゾンの増加（呼吸器障害を引き起こす）が挙げられる。ヨーロッパ全体ではすでに毎年三〇万人以上が、大気汚染が原因で早死にしている。

煙やその他の大気汚染物質で咳きこんだことがなくても、たぶんくしゃみはするだろう。花粉症の人なら誰でも知っていることだが、暑く乾燥した天候が長く続くと、防塵マスクと水泳用ゴーグルがなくては外にも出られないことになる。樹木の花粉は夏の温度と並行して増える傾向があるうえ、二酸化炭素肥料効果が雑草の生長を速め花粉を多く作らせる。実験によると、二酸化炭素の濃度が倍になればブタクサの花粉は四倍になるという。

鼻をグズグズいわせ、草を叩き切りながら庭の小道を進むあいだも、わたしたちの健康への脅威は続く。気候変動は既存の害虫や病原体の数や行動に変化をもたらすだけでなく、わたしたちの庭を多くの新しい害虫や病原体の巣に変えるだろう。一九九〇年代初めのアメリカでは、例年にない大雨のあとにネズミの大発生がみられた。ネズミの糞に覆われた戸棚の急増とともに、アメリカ史上初のハンタウイルス肺症候群（これは厄介な病気のひとつで、肺に液体が充満し、感染した人の三分の一以上が死ぬ）の流行が起こった。洪水の増加と同様に、暖かい冬も病気の発生に拍車をかける。極端な気候で医療サービスが被害を受ける可能性もあるし、栄養不足が免疫力を弱めるかもしれない。すべて合わせると、伝染病発生にうってつけの環境が整う。これまでのところ、気候変動が何らかの感染症の再来を直接引き起こしたとは考えられていないが、これからそうなる公算は大きい。

あなたの近所の庭に広がりそうな病気のリストのトップに来るのはマラリアである。現在、世界の全人口の四〇パーセントが、この病気の危険にさらされている。現在の感染者数は三〜五億人で、毎年二〇〇万人前後が死ぬ。三〇秒ごとにひとりの子供がマラリアで死んでいく。世界中で感染が増える傾向にあるが、これは貧弱な公衆衛生、抗殺虫剤性の蚊、人間の移動の増加などのせいである。気候変動は、この致命的な組み合わせに最後の仕上げを施すことになるだろう。

マラリアもあまり暑すぎるのは好まない。すでにマラリア原虫が棲みついている高温の地域、たとえばケニヤのある地域では、これ以上気温が高くなればマラリア原虫は死んでしまうかもしれない。ただし世界の大部分では、蚊もそれが運ぶマラリア原虫も暖かいのは大歓迎で、少し気温が上昇しただけでも感染率が大幅に上昇するだろう。二〇八〇年にはマラリアの蔓延地帯がいまより拡大していて、さらに三億人の人口を含むようになると予想される。南アメリカでは、マラリアを媒介するハマダラカの生息範囲はいまのところ気温によって制限されている。気候変動はそれをさらに南のアルゼンチンにまで広げ、さらに多くの人をこの病気にさらす可能性がある。

先進国の多くは一九五〇年代から六〇年代にかけてマラリアを撲滅した。ただしマラリアを運ぶ蚊の撲滅には成功していない。そのことが疑問の余地なく明らかになるのは、とある暖かく風のない晩のことだ。気候にやさしいマッシュルームのバーベキューをむさぼっていたあなたは、半ダースほどの小さな虫があなたをむさぼっているのに気づく。「景色はすばらしかったけれど、原因不明の冷や汗に悩まされてね」と言いながら日焼けして休暇から戻った隣人が、せっかく撲滅したマラリアを再び持ち込んでばらまいてくれる。そのおかげで、マラリアの流行がもっとひんぱんに起こるおそれは現実のものとなっている。

医療体制が将来も無傷のままであれば、そういった侵入を阻止して被害を最小限に抑えることができるだろう。心配なのは、感染爆発がロシアのような国で起こった場合だ。医療基盤が脆弱(ぜいじゃく)なため、事態が手におえなくなるおそれがある。

わたしたちの裏庭を訪問しそうなそのほかの病気のなかで、もっとも危険なもののひとつがデング熱である。マラリアと同じくデング熱も増える傾向にあり、いまや世界人口の半分以上が感染の危険にさらされている。これも蚊によって媒介されるが、アメリカとオーストラリアでは近年、輸入症例や流行がますます増えている。旅行客がアメリカに持ち込む例が、毎年二〇〇例前後と推測される。デング熱にかかると高熱が出て、出血性のタイプでは感染した人の二〇人にひとりが死ぬ。

蚊の媒介によってひろがっている厄介者のなかで最もよく知られているのは、たぶん西ナイルウイルスだろう。一九三七年にウガンダの女性から初めて見つかったウイルスで、一九九〇年代までは、西半球には存在しないと思われていた。ところが一九九九年、夏が秋に代わる頃、説明のつかない脳炎——脳の炎症と腫れ——の症例がアメリカ東海岸に突然現れ始めた。流行の中心はニューヨーク市で、カラスなどの野鳥の突然死と同時に起こっていた。死んだカラスの一羽からアイオワの一研究所がウイルスを分離し、それが人間に脳炎の流行を起こしているウイルスと同じものであることが、のちに確認された。これまではアフリカとアジアでしかその存在が知られていなかった西ナイルウイルスが、西洋に到達したのだ。冬が来て、蚊がどこかに隠れて春の暖かさを待つようになる頃までに、西ナイルウイルスは六二例の脳炎を引き起こし、そのうち七例が致命的だった。その後ウイルスはアメリカ各地に広がった。二〇〇三年には四六の州で九八〇〇例が確認され、二六四人が死んだ。感染したアメリカ人の実数は二五万人ほどになると考えられる。たとえ感染してもほとんどは無症状だからだ。重い病気になるのは高齢者や体が弱っている人である。この病気の治療法はなく、予防のためのワクチンもない。

いっぽう、ヨーロッパ南部ではリーシュマニア症があちこちに現れている。サシチョウバエの媒介するこの病気は潰瘍、発熱、体重減少をもたらし、治療しないと死ぬこともある。そのほかに蔓延地域が広がるおそれのある病気としては、ビルハルツ住血吸虫（寄生虫によって発熱と肝障害が起こる）、シャガス病（サシガメ科の吸血昆虫によって媒介され、すでにアメリカ南部で見つかっている）、そして例の、ヨーロッパという古戦場からはいまのところ姿を消している、古い歴史を持つペストなどがある。

最後につけ加えると、アメリカおよびヨーロッパの多くがダニの大群に呑み込まれようとしている。もしあなたが犬を飼い、しかも田舎に住んでいるなら、たぶんこのしぶといヒッチハイカーにすでに遭遇しているはずだ。彼らは草のなかに潜んで待ち、そうとは知らない羊や鹿、ラブラドル犬などが通りかかるとジャンプして飛び移り、おいしい血を求めて皮膚のところまでもぐり込む。ダニは人間を少々刺すのも嫌いではなく、いろいろな病気を運ぶことができる。血塗られた宴会のあいだにお裾分けしてくれるのは、発熱と疲労感をもたらすライム病、脳の炎症を引き起こすダニ媒介脳炎ウイルス、嘔吐と腹痛がついてくるロッキー山発疹熱と呼ばれるものなどである。すでに北アメリカとヨーロッパでは、二〇年も暖冬が続いたおかげでダニの数が急増している。アメリカでのライム病の症例は一九八二年には四九一例だったのが、二〇〇二年には二万三〇〇〇例と跳ね上がっている。

アメリカ内務省では、戸外では肌をむきだしにせず、たそがれ時や明け方には屋内にとどまるようにという通達を出している。近所の人たちとのバーベキューには、生焼けのチキンの脚を渡されることのほかにも、明らかにもうひとつ危険があるわけだ。生焼けのチキンといえば、気温の上昇とともに食中毒も増えるだろう。イギリスでは、気候変動によって二〇五〇年には年間の食中毒症例が一万前後増えると予想されている。その理由は単に、わたしたちがもっと怪しげなものをバーベキューにして食べるようになるからというだけではない。高い気温は多くの食品にとって、賞味期限が短くなることを意味するからである。そういう食中毒になったところで、ほとんどの人はトイレに駆け込める距離のところで二日も過ごせばいいだけだが、体の弱い人や高齢者にとっては致命的な結果になることもある。

＊　＊　＊

ネズミやハエ、蚊、ダニの媒介する病気が野原や公園や小川で待ち構え、サルモネラ添えのバーガーがわたしたちのバーベキューに押しかける。そのうえ空気までが、わたしたちを日に四〇本のヘビースモーカーのようにゼーゼーいわせるとあっては、失礼してよろよろと家に入り、しばし横にならせてもらうしかない。しかしわたしたちはエアコンの効いた涼しい屋内に避難できるからいいが、庭は地球温暖化の矛先をまともに受けることになる。あの大事なベゴニアたちはどうやって切り抜けるのだろうか？

一般に、事情は畑の作物の場合と同じだ。大気中の二酸化炭素が増えれば、多くの植物の生長が速まる。バラ好きなら、蕾の数が増え開花も早まりそうだと思うかもしれない。ヨーロッパの冬がもっと穏やかで短いものになれば、種をもっと早く蒔くことができ、草花の多くは長い生育期を楽しめるだろう。イギリスではすでに春の訪れが一〇年につき二日から六日早まっており、いっぽうで秋は二日ほど後ろに押しやられている。いまより暖かくなれば、わたしたちの庭でうまく育つ植物のタイプも変わるだろう。ギボウシをポピーに、芽キャベツをキンカンに替えることになる。わたしのレイ印ワインもほんとうに飲める日がくるかもしれない。それどころか、今世紀中頃には大規模なブドウ園がいまよりはるか北方のスコットランドまで広がっていることも考えられる。

マイナス面としては、夏の高温と暖かく雨の多い冬は、多年草の花壇に終わりを迎えさせ、北国の庭園によく見られる、ヒースや生長の遅い高山植物のロックガーデンを、文字通りただの岩山に変えてしまうだろう。ほとんどの人は運命とあきらめて、これまでよりはるかに長時間四つんばいになり、二酸化炭素の特別サービスで勢いづいた雑草を引き抜き続けるのだろうか。なお困ったことに、晩秋や、さらには冬のあいだも芝生の刈り込みが必要になる。ただし芝生がそれほど長く生き延びたとしての話だ。夏に水の供給が限界に近づき、散水が禁止されれば、この大切な緑の一画の多くにとって、残された日々は限られたものとなる。アパッチの死闘ならぬブラウンパッチの死闘（ちなみにブラウンパッチとは芝生が茶色くなって枯れる病気）がますます熾烈さを増し、縞模様に刈り込んだ芝生とガーデンパーティのふるさとであるイングランド南部の至るところで、この闘いがみられるようになる。この国では、芝生が非常に好む夏の雨と涼しい日々をいつも当てにできたものだが、二一世紀の暑く乾燥した夏は、伝統的な庭園を決定的に変えることだろう。草の上でのクリームティーに代わって、あずまやの日陰で冷水ということになるかもしれない。

庭の植物が長引く渇水や焼けつくような気温に耐えたとしても、うれしくない驚きがまだまだ彼らを待っている。植物の生長期が長くなれば、アブラムシやダニ、アザミウマなど、いままでもよくみられる庭の害虫は繁殖サイクルをさらに多く繰り返すようになり、春まだ早いうちから植物を圧倒することができる。穏やかな冬もこういった害虫の冬越しを助け、春まで生き延びた多くの虫が、その年最初の芽生えを食い荒らす。キャベツのアブラムシを例にとろう。気温が摂氏一度上昇するごとに、彼らの攻撃開始は二週間ずつ早まる。ハナバエでは、摂氏二度の上昇で、キャベツの根への攻撃がまる一か月早まる（キャベツには悪いニュースばかりだ）。

現在は温室でおとなしくしているもののなかにも、外のほうがむしろ快適になったのに気づいて脱走するものが現れるだろう。青々と茂った植物の量が増え、冬がさらに穏やかになるにつれ、菌類の攻撃が急に増える可能性がある。さらに多くの害虫が、これまでは寒すぎた地域にも生息範囲を広げるだろう。ヨーロッパではシロアリが北へ進軍中で、すでに南イングランドに姿を現している。アメリカでは、樹木がハマキガの幼虫のような敵の餌食となっているが、これは以前ならもっと暖かい南方にしか見られなかった害虫である。総じてわたしたちの庭には、招待の有無にかかわらず、見慣れない生き物の大群が新たに押しかけると予想される。

* * *

気候変動は確実にやってきており、「うちの近所にはだめ」といういつもの自分勝手な抗議も、それを止めることはできない。「わがまちの環境を守ろう！」のプラカードを取り出し、怒りの手紙を地元の下院議員や上院議員に書いてもいいが、議員さんはたぶん自宅にいて、とりわけ重い食中毒に苦しむ家族を看病するかたわら、ときどきこっそり抜け出しては、自分が賛成した散水禁止令をみずから破っていることだろう。もし、実のある行動を望むなら、もし自分の庭が干からびて健康上の脅威になるという見通しに腹が立つなら、どうするか、どうなるかは、あなたしだいだ。行動のスタート地点は、わたしたちが食品を捨てた裏庭のまさにあの場所、つまりゴミ容器である。

裏口の外に置いてあるゴミ容器は、一見底なしの穴のように、西洋型生活の残骸を呑み込む。かつては、ゴミといえば焚き火の灰と少しばかりの残飯だけだったが、包装や消費が大がかりになるにつれ、ゴミ容器も大きくなった。そしてゴミ容器が大きくなると、わたしたちはもっと多くのゴミを投げ入れるようになった。いまの平均的なゴミ容器は二三〇リットルもの廃棄物を呑み込む——掃除魔の老婦人約三人分に相当する。その大きく口を開けた黒々した胃袋に、いらないものは何でも投げ込んで、あとは忘れてしまうのは簡単だ。けれどもそれは魔法の箱ではない。捨てたものは視界からは消えるかもしれないが、どこかには行かなければならない。こういったものが最終的にどこへ行くかを考える前に、ゴミ収集車が来ないうちに外へ出て、ちょっと見て

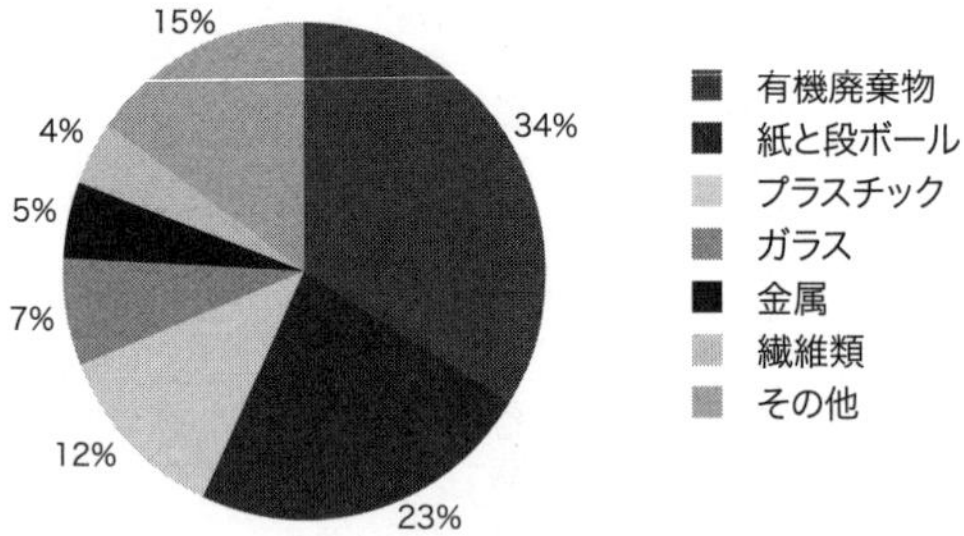

図12　ヨーロッパの家庭ゴミの内訳

みることにしよう。一週間分のゴミを綿密にチェックして次の大スクープをものにしようと汗だくのパパラッチになったような気がするかもしれないが。

車輪つきの平均的な大型ゴミ容器には、毎週約二〇キログラムのゴミが集まる。すなわち一年で、わたしたちは自分の体重の十数倍の量を捨てる計算になる。手を突っ込んでゴミを全部取り出すほどの勇気があるなら、図12に示したのと似たり寄ったりの内訳になっているのを発見するはずだ。

いちばん大きな部分、そしていちばん臭いそうな部分は、有機廃棄物である。これは昨夜のピザの残りや食べ残しのサラダ、それに冷蔵庫の奥にあった例のカップの中身――かつてはタマゴの黄身だったようだが、いまとなってはＤＮＡ検査でもしなければ断定は無理――などだ。アメリカ全土で、二五〇〇万トンの食品が毎年捨てられる。庭のある人なら、有機廃棄物には、芝生から抜いた雑草や、ガーデンセンターで衝動買いして枯らした草花も含まれる。推定によれば、わたしたち誰もが五〇キログラムから一二五キログラムの植物廃棄物を毎年出しているという。庭の刈り込みに伴う廃棄物はアメリカだけでも三〇〇〇万トン近くになる。

ティーバッグからバナナの皮まで、リンゴの芯から雑草のヒルガオまでを網羅するこの有機廃棄物はすべて、トラックで埋め立て処分場に運ばれると、あの強力な温室効果ガスであるメタンを発生させる。埋め立て処分場にはゴミの全量の約六〇パーセントが運ばれて押し固められ、もうこれ以上入らないというところまで来ると土をかぶせて、そのまま放置する。下のほうの暗闇では、細菌が消化にとりかかる（歩けばビチャビチャ音がする沼地でメタンを大量生産しているのと同じ菌である）。世界全体では、埋め立て処分場から毎年五〇〇〇万トン前後のメタンが排出されており、その多くがキッチンや庭からの廃棄物の分解によって生じたものである。いまはアメリカでも埋め立て処分場からのメタンの約半分が回収され、タービンを回すのに使われているが、残りは大気中に漏れ出ている。

手短に言おう。コーヒーの出がらしや垣根の剪定くずのようなものを何もかもゴミ容器に入れるのはやめるべきだ。メタンを発生させるばい菌を餓死させるための、どこの家庭でもできる簡単な方法のひとつは、庭師が何世代にもわたってやってきたこと、つまり堆肥作りである。平均的な家庭は毎日三・五キログラムほどの食品を捨てる。その三分の二以上は、庭から出る廃棄物の大半とともに堆肥の山かミミズ農場（図13）に回すことができる。

かく言うわたしは、かなりの堆肥ファンである。キッチンや庭から出た屑をこんもりした山のてっぺんに捨て、たまに熊手でかきまぜてやる。すると一か月後には山の底のほうから、ぼろぼろ崩れる栄養豊富な「ブラックゴールド」（といっても石油ではない）がバケツに何杯も取れ、植物の肥料に使える。これはもう、興奮するなと言われても無理だ（ウェストロージアンでは、刺激がほしければどこでも可能なところから手に入れなければならない）。堆肥の山よりさらにすぐれているのが、ミミズ農場である。これはキャベツの葉だのジャガイモの皮だのが入ったキッチンから出るごちゃ混ぜの有機廃棄物を、もっと多くのブラックゴールドに、しかも二倍の速さで変換してくれる。

これは庭にやさしいリサイクルの究極の形である。メタンの発生を避けられるだけでなく、あなたが捨てたニンジンの頭が二、三週間でトップグレードの土壌用ドレッシングとなり、翌年にはさらによいニンジンを育ててくれる。埋め立て処分場に送る代わりに堆肥にすれば、ジャガイモ

図13「ブラックゴールド」作りにいそしむ、アウトドア派向け堆肥用ミミズ

の皮やティーバッグ、苅り草など一キログラムにつき、その二倍の温室効果ガスが大気中に出て行くのを止めることができる。一年では、平均的な家庭からの排出はこの方法で一トン近く削減できる。わずかばかりの虫の仕事にしては、なかなかのものである。

庭のない人や虫嫌いの人向けには、集中方式の堆肥化事業が、大きな町や市で行なわれ始めている。有機廃棄物を収集して、トラックで埋め立て処分場に運ぶ代わりに巨大な地域堆肥化場に積み上げれば、地元自治体は無料で得られた何トンもの堆肥をガーデンセンターに売ることができる。収集された有機廃棄物の巨大な山は定期的にひっくり返して、酸素を供給するとともに、悪臭漂うメタン発生地区が微生物社会にできていないかどうかチェックする。米国のアルバカーキの場合、そういう堆肥化事業で毎年一万トン近くの苅り草などが堆肥化され、四五〇〇トンの温室効果ガスの排出を防いでいる。

先ほどのはらわたを抜かれたゴミ容器に話を戻そう。敷石の上にぶちまけられたゴミの山のなかで、次に多いのが紙である。スパゲッティのソースに覆われた電話代の請求書やレシートは、ゴミ容器漁りのパパラッチにとっては夢の宝物かもしれないが、わたしたちの廃棄物が地球温暖化にどれほど大きく寄与しているかを示すものでもある。平均的な家族は毎週八・五キログラムの紙や段ボールを捨て、その半分は新聞や雑誌である。アメリカでは紙や段ボール八五〇〇万トン前後が毎年捨てられる。八〇パーセント以上はやがて埋め立て処分場のジメジメした奥深くで、インスタントディナーの残飯を包み込むことになる。メタンを吐き出す細菌にとっては、「ティーバッグの砂糖漬け添えバナナ皮」ほどの豪勢な食事ではないものの、つけ合わせの一品として歓迎される。いわばメインの料理の前菜である。

紙についてもリサイクルがだいぶ進んできている。木を切り倒して加工処理する必要がなければ、それに伴って発生する廃棄物もなくなり、莫大なエネルギーが節約できる。オーストラリアでは、紙の製造による温室効果ガス排出が総計一二〇〇万トン以上になる。リサイクルされた紙は、同じ量のバージンペーパーを作るのに比べて、三分の一から三分の二少ないエネルギーでできる。したがって、わたしたちが紙や段ボールを一トンリサイクルするたびに、二・五トンの排出を防げる。新聞の日曜版をゴミ入れに投げ込む代わりにリサイクルに出せば、二・五キログラムの温室効果ガス排出を止められる。一年分で一五〇キログラムになる。

リサイクルに関する審議会のパンフレットや浪費を戒めるウェブサイトには必ず、「リデュース（減量化）、リユース（再使用）、リサイクル（再資源化）」というモットーが載っている。推定によればゴミ容器の内容物一トンにつき、その製造中にさらに五トン、原料資源の採取時点ではなんと二〇トンという大量の廃棄物が生じているという。これは食いつぶされたあらゆる資源を考慮に入れた数字で、たとえば、やがてはベイクトビーンズの缶になる鉄鉱石が採取される鉱山で、あるいは缶に貼るラベルを作るために森林を伐り倒す木材会社によって、浪費された資源を含む。

そもそも捨てる物の量を減らす第一の道は、包装の簡素化である。あらゆるものが包装され、さらにその上から包装されている。宇宙からの再突入に備える必要でもあるのかと思いたくなる。バナナ一本一本を、ヒートシールされた成型プラスチックの鞘に収めて売っている店もあるほどだが、およそ果物というものは、なかなか便利な自然の包装材にすでにくるまれているものなのだ。それから例のバーガーショップがある。一週間分の勧告量よりも多くの脂肪を含む一食に、あなたは一時間分の給料をつぎこむ。そのうえこの心臓さえ止まるうれしい料理には、ポリスチレン容器、ナプキン、包装紙、紙袋、カップ、蓋、そしてあなたがほんとうに運がよければ目先の変わったおもちゃと、なだれのような多量の物体がついてくる。もしかするとこれは、お客がやっと稼いだ一財産を、脂っこいサンドイッチと二七本のぐにゃっとしたポテトフライにすぎないものにつぎこんでいるという事実を隠すためではなかろうか。その結果はといえば、ファストフード店の周囲何キロにもわたって、ゴミ箱というゴミ箱があふれかえる。こういった過剰な包装も健康と安全の観点からやむをえないのだという説明——バーガーとフライドポテトをポリスチレンで三重に包装しなければならないのは、ばい菌を中に閉じ込めておくため——も成り立つかもしれないが、ここで優先されているのはやはり大衆の安全よりも販売戦略、飲み物のスーパーサイズなるものがお客のニーズよりも店のつごうを反映しているのと同じことだ。

アメリカの全廃棄物の三分の一近くは包装材料で、最終的に七〇〇〇万トン前後になり、そのうち二〇〇〇万トンがプラスチックである。イギリスでは毎年九〇〇万トンを超える廃棄包装材が出る。パンからバナナまで、あらゆる商品の半数以上がプラスチックで包装されているからだ。風の強い日には花綱のように木に巻きついているものの、プラスチックは木になるものではない。バナナを空気から保護し、世界中のサラリーマンに切り傷を負わせているこの大量のプラスチックは、実はあの現代世界のきわめて限りある燃料、すなわち石油から作られるのである。世界の原油の約四パーセントがプラスチックの直接の原料として使われ、さらに三パーセントから四パーセントがプラスチック製造過程で消費される。これはクウェートとイラクの年間原油総生産量を合わせたものに匹敵する。

わたしやカーボン一家と同じように実際にゴミをリサイクルしてみようと思いたった場合、プラスチックはむしろリサイクルの進み具合を示すひとつのバロメーターであることに気づくはずだ。紙やビン、缶は指定の場所に出しておけば回収してもらえるとしても、プラスチックは自治体の取り組みでもたいていの場合、あのお風呂のプラスチックのおもちゃ、つまり醜いアヒルの子である。スーパーへ行けば、目立つ色の丸屋根を頂いた回収容器があらゆる色合いのガラス用にずらりと並んでいるし、新聞と布には、指を挟みそうなフラップのついた巨大な金属容器がそれぞれ用意されている。でも、プラスチックは？　国によっては長時間探すことになりそうだ。

プラスチックのリサイクル率はイギリスとアメリカではいまのところ五パーセントにも満たないし、この数字はすぐには変わりそうもない。

結局は、プラスチック容器がいかに安く作れるか、いかに多種多様でかさばるものであるかということに行き着く。ガラスや金属、紙のリサイクルは自治体や企業にとって費用効率のいいものである場合が多いのに対して、プラスチックのリサイクルは金銭的に魅力がない。単にそれだけの話なのだ。分別は常に大問題だが、ガラスは色で分けられるので面倒が少ない。缶はアルミとスチールに分ける。少しは厄介だが、ラベルがまだついているか、小型の磁石を持っていれば問題ない。プラスチックとなると、非常に複雑になる。およそ五〇の異なるタイプがあるのだ。アメリカプラスチック工業会、略してＡＳＰＩ（アスパイ）は便宜上これらを七つのグループに分けている。大きなグループのひとつ、「高密度ポリウレタン」（たとえばシャンプーのボトル）の場合、一トンリサイクルするたびに温室効果ガスは約一・四トン節約できる。しかしリサイクルできるボトルにリサイクルできないキャップがついているとあっては、ほとんどのプラスチックがくずかご行きになるのも無理はない。

明るいニュースとしては、プラスチックの回収とリサイクルは増える傾向にある。いまでは、リサイクルされたペットボトルから作られたフリース衣料に、そのキャップからできたバッグと、オンラインで何でも注文できる。プラスチックは「リユース」の部類に入れられる場合も多い。特にあのレジ袋についてはそれがいえる。イギリスでは八〇億枚という驚くべき数のレジ袋が毎年無料で配られている。なんと男性、女性、子供それぞれに一三〇枚ずつである。西洋社会のキッチンの引き出しはおびただしいレジ袋の安住の地であり、通りを吹き飛ばされて排水溝を詰まらせるものはもっと多い。これは単に見苦しいだけではない。お金と命が失われる。インドでは多くの地域でレジ袋が禁止されている。下水管を詰まらせ、健康をおびやかすおそれがあるからだ。いろいろな生きものも危険にさらされる。オーストラリア周辺の海域では、本来あるべきでないところに迷い込んだレジ袋が、餌とまちがえて呑み込んだカメやクジラ、アザラシ、鳥を殺している。アイルランドではレジ袋税の導入で九〇パーセントの削減に成功した。わずか数ペンスの負担が大きな変化をもたらし、いまでは大部分の袋が捨てられずに再使用されている。

プラスチックの再使用は、レジ袋以外は残念ながら出だしでかなりもたついた。たとえば化粧品チェーンの「ボディショップ」では詰め替えサービスを行ない、化粧品を買う際に同じボトルを繰り返し使うことができるようにした。しかし実際にこのサービスを利用したお客はわずか一パーセントで、二〇〇三年にサービスは中止された。

次は絶対にゴミ容器に入っていてはならないもの、つまりガラスと金属の話に移ろう。西洋の平均的な家族は毎年およそ五〇〇本のガラス容器やビンを使う。イギリス全体では毎年二〇〇万トン前後のガラス容器を使い、その約四分の一がリサイクルされる。これは平均して二分の一以上がリサイクルされるほかのヨーロッパ諸国に比べ、かなりお粗末な数字である。スイスなどは九五パーセントというすばらしい成績をあげている。ガラスを作るには大量の熱が必要で、したがって大量のエネルギーを使う。リサイクルすればあらゆる原材料の採取が不要になるだけでなく、この製造用エネルギーも大幅に削減できる。ガラス一トンをリサイクルするたびに、一・二トンの原材料が節約され、三〇〇キログラムの温室効果ガス排出が削減される。

金属についても事情は似たようなものである。スチール容器のリサイクルといえばふつうは缶のリサイクルを指すが、この場合もあらゆる原材料の節約になる。新しいスチール一トンを作るには一・五トンの鉄鉱石と〇・五トンの石炭が必要なので、リサイクルによって、一からスチールを作るのに必要なエネルギーの約七〇パーセントが節約できる。アルミニウムのリサイクルは気候にとってさらに大きな恩恵となる。一キログラムをリサイクルするごとに、その一四倍の重さの温室効果ガスが大気中に排出されるのを阻止できる。これはエネルギー使用ならびに排出の九〇パーセント削減にあたる。

家庭用ゴミでもうひとつ、四パーセントを占めるのが繊維類である。穴あきショーツや片方だけのソックス、チクチクするジャンパーなどが、イギリスだけでも年に五〇万トンから一〇〇万トンになる。衣類のリサイクルは、製造や輸送のコスト削減になり、新しい原料や染料の節約になる。木綿やウールのような天然繊維をリサイクルすれば、たとえくすぐったいとしても味のいいスナックをメタン生産菌から取り上げることにもつながる。

いよいよ最後、「その他」に分類されたもののなかに、コーヒーを何度もこぼしすぎたパソコンのキーボードとか、新しい棚を作ろうとして失敗した板切れ少々とか、その棚が壁から外れたときに割れた「チャールズとダイアナ」御成婚記念マグとかいうものがある。いくつかは（たとえばキーボード）専門家の手でリサイクルできる。ほかのもの、たとえば粉々になった記念マグなどは植木鉢の底の水はけをよくするのにぴったりだし、さもなければ埋め立て処分場のおびただしい黴(ばい)菌の王立保養所として、最後の安住の地を見いだすかもしれない。どこから見てもゴミというものもあるにはあるが、わたしたちが見切りをつけた物の半分以上には、別の運命が用意されていることもありうる。

さてわたしたちのゴミ容器は目に見えて軽くなった。リデュース（成型プラスチック入りのバナナはもういらない）、リユース（レジ袋であふれかえっていたキッチンの引き出しは閉鎖）、リサイクル（堆肥用(コンポスティング)ミミズ一〇〇〇匹がポストに届いている）の三つを組み合わせることによって、わたしたちはゴミからの温室効果ガス排出を二トン近くからたった一トンに半減させた。こういった行動が隣近所、州、さらには国を超えて広がっていけば、莫大な排出削減につながるはずだ。

このことに気づいて、家庭でのリサイクル推進に積極的に取り組み、無料のリサイクル用ゴミ入れを設置したり、いろいろな材質の物の戸別収集をしたり、地域に処理場を作ったり、さらには生ゴミ堆肥化容器を無料で配ったりしている政府もある。ドイツではさらにこれを推し進め、リサイクルをしない者には罰金を課し、製造業者には作った包装資材の七〇パーセントまでの回収を義務づけている。こういった取り組みは大きな可能性を秘めている。アメリカではゴミの現在のリサイクル率三〇パーセントをわずか五パーセント引き上げただけで、温室効果ガス排出が三六〇〇万トン削減できるだろう。これは男性も女性も子供もひっくるめて、ひとり一〇〇キログラム以上に相当する。

＊　＊　＊

ゴミ容器ではなく堆肥化容器があふれそうになってきたところで、次はいくらか食料を育ててみよう。いつも買っている野菜や果物で、しかも空輸される場合が多いもの、たとえば柔らかい果物やサラダ用野菜を植えることは、地球温暖化との闘いにおいて、あなたの裏庭に応分の働きをさせるうってつけの機会である。

ケイト・カーボンは自分の庭を大切にしている。その色や質感が季節ごとに移り変わるさまは、いくら見ても見飽きるということがない。週末や夕方はたいてい、草取りや穴掘り、種まきや取り入れなどのつごうで予定が決まる。カーボン一家がこの家に越してきたとき、庭は惨憺たるありさまだった。宿根草の花壇と芝生が混じりあい、アザミやイバラが人の背丈ほども伸びて、その後ろのどこかに落ち葉でいっぱいになった池が隠れていた。

最初の年、ジョンとケイトは庭をそのままにしておいた。家の中ですべきことがどっさりあって、外にまで気が回らなかったのだ。二度目の春が来る頃には、ケイトもほぼ全部の部屋の装飾をやり直しており、壁紙やカーテンはもう見るのもいやという心境になっていた。下痢便の黄色としか表現しようがないバスルームの壁を隠すために必要な薄ピンク色の三回目の重ね塗りを終えたケイトは、コーヒーで一息入れようと裏口のステップに腰を下ろした。

目の前にはもつれあったイバラや草が広がっている。けれどもそこかしこに、小さな花が顔を覗かせようとしていた。ほかの部分と同じく野生の草と思ってほったらかしにしていた一画が生き生きと芽吹き始めていた。ケイトは緑の新芽を一本摘まんで、みずみずしいオレガノの香りを吸い込んだ。急いで雑草をかきわけて調べてみると、セージにタラゴン、タイムが見つかり、おまけに古い陶器の洗面器からはミントがいかにも幸せそうに芽を出していた。ケイトはすっかり夢中になった。

その年、ケイト、それに説得できたときにはジョンも加わって、ここでは雑草を抜き、あそこでは土を掘り返しというふうに、庭をきれいにしていった。古い宝物を見つけては大事に育て、庭を再び使える状態にするためのプランも立てた。大きな驚きはあとからやってきた。その年の七月、庭の隅にあったリンゴの木の一本が「ライマンズ・ラージサマー」の実をたくさんつけ、それが食べられるだけでなくとてもおいしいことがわかったのだ。

紙の上では、プランは簡単なものだった。宿根草の花壇を本来の場所に押し戻し、ささやかな芝生をよみがえらせる。池をさらう。イバラを刈り込んで、ハーブとその隣の野菜の区画を広げる。日暮れが早くなり、きれいになった池のカエルがとっくに歌わなくなった頃になっても、カーボン家にはまだすべきことが山のようにあった。しかしすでにしっかりした足場を築き終わっていたので、ケイトは冬中かけて翌年の攻略プランを練ることができた。次の年は野菜の区画に最初の種が蒔かれ、カーボン一家は初めての収穫を味わった。たしかに、収穫といってもその内容は、妙な形のニンジン三本と、あまりにも小さくてズッキーニとはおせじにも呼べないようなペポカボチャだった。しかし味はこの世のものとは思えないほどすばらしかったので、夫婦は、来年はさらに大きくていいものを作ろうと誓い合った。

こうして花壇にも苗床にも秩序が訪れた。土曜の朝に地元のガーデンセンターへ行くのが、週末の恒例行事となった。ジョージとヘンリーがついて来たときには、子供たちがコーヒーショップでケーキを口に押し込んでいるあいだ、静かなひとときを過ごすこともできた。庭の端にうず高く積み上げられた草の山は大きな堆肥化容器にきれいに片づいた。やがて栄養豊富な有機物となって、苗床に鋤きこむことができる。ジョンは植物にはそれほど興味がなかったが、堆肥作りでは主役を引き受け、精力的に仕事に励んだ。毎週、容器の中身をチェックしてどれだけ堆肥ができたか調べたり、苅り草と剪定した植物、それにときおり裁断した段ボール箱を混ぜたものを入れたり、子供たちがヒルガオやシバムギといった分解しにくい草を入れたときには注意したりしている姿が見られた。ある週末、彼はガーデンセンターでミミズの飼育箱を見つけた。ちょっとした新しい道具に目がない彼は、一時間後にミミズも何もかもそっくりキッチンテーブルに広げて、ケイトをおおいに動揺させた。

野菜の区画は年ごとに大きくなっていき、一家はあらゆる種類の作物に挑戦した。ある年など、彼ら（と友人、隣人、職場の同僚たち）は庭からとれたサヤエンドウの量の多さに、いささか困惑させられた。別の年には、とれすぎたニンジンをニンジンスープ、ニンジンカレー、ニンジンサラダ、ニンジン炒めと、まる二週間もランチに出されたあと、ジョージとヘンリーがハンガーストライキに突入しそうになった。経験を積み、食べられる野菜の生産量が飛躍的に増えるにつれ、ケイトはこの野菜作りがどれほど家族の助けになっているかに気づき始めた。お金というのはいつだって、ぎりぎりなものだ。毎週スーパーで野菜を買う必要がほとんどないことは、おおいに食料費の節約になった。たとえその浮いた分をほとんど、週末にガーデンセンターへ出かけて使ってしまうとしても。いま、ケイトのおなかもだいぶ大きくなり、草を抜こうと膝をつくたびに、中から蹴られるのを感じるが、この夏のほとんどと秋の大部分は野菜を全然買わずにすますことができた。カーボン家もいまでは家計に余裕があるものの、スーパーで買った大量生産のものではなく自家製のリンゴのピューレをカーボン家の新しいメンバーに食べさせられるというのは、何ものにも代えがたい喜びだ。実はケイトの頭の中では、庭仕事をますますきついものにしそうな計画が進行中である。

今年、ケイトは宿根草の花壇をやめてクロフサスグリの茂みにし、そこに西洋梨の木も植えるつもりだ。最終的な目標は毎週スーパーで果物と野菜の売り場を素通りできるようになることで、これはジョージとヘンリーが常々望んでいることでもある。ただし家族をビタミンC不足で壊血病に追いやることなしに達成しなければならない。いっぽうジョンのほうは温室を計画し、すでに、最高に甘いみかんと辛いチリトウガラシを育てることを夢見ている。チリ・ディップを作って路上バーベキューで振舞えば、あの隣人のテッドでさえ悲鳴をあげる、そんな激辛のチリだ。温室があれば、キュウリやトマトがもっと作れるし、晩秋までサラダ用の葉菜がとれる。いまは、気温が下がり日が短くなると、ちょっと裏庭に出てディナーのサラダボウルを満杯にするわけにはいかなくなるが、そんなこともなくなるわけだ。

カーボン家の庭がもたらす明らかな恩恵、すなわち適度な運動、楽しみ、確かな品質のものを食べているという安心感は別にしても、「趣味が高じてやみつきになった」ケイトの庭いじりは、一家の温室効果ガス排出を大きく削り取っている。これまで見てきたようにわたしたちの食品、特に長距離輸送されたものは、大きな気候負荷の値札をつけていることが多い。拡張された野菜区画に果樹、温室が加われば、排出削減量は全部で一トン近くになるだろう。

＊　＊　＊

苅り草やキッチンのゴミを堆肥にすることはもちろん、庭で野菜や果物を育てることは、家族の地球温暖化への寄与を確実に削減する。戸外で過ごす時間の危険性が気候変動によって増すのを防ぐために、ほかにもいくつかできそうなことがある。庭によっては、木を植えることで排出を減らせる。生長に伴って大気から吸収する二酸化炭素（木材一立方メートルにつき約八〇〇キログラムの二酸化炭素が取り込まれている）は別にしても、木立ちは夏には家に影を落として、エアコンを沈黙させておくのに役立つ。野放図な水やりを慎んだり、芝生を少なくして乾燥に強い植物を植えたりすることに加え、庭に木陰を多くすれば、水の使用も最小限ですむ。雨の多いこのイギリスにおいてさえ、真水に対する需要の急増に対処するため、エネルギーを大量に使う淡水化プラントの建設計画が進行中である。

最後に、庭にはいろいろな物がある。庭が「予備の部屋」となるにつれ、家の中同様に家具や装飾品、器具類やおもちゃがずらりと並びがちになる。安っぽいガーデングッズをなるべく買わないようにすることは、キッチンにパスタ製造機を入れないようにしたり、バスルームから鼻毛刈り込み器を追放したりするのと同じ意味で、排出を削減する道である。物が少なければ、そこにつぎこまれたエネルギーも少ないことになる。庭に必要な器具類をどう選ぶかも大事だ。小さな庭しかない人は電動の芝刈り機を「手押し」型に替えれば、排出をさらに年に四〇キログラム減らせる。さもなければ、カーシェアリングのように仲のいい隣人どうしで芝刈り機を融通しあうこともできる。テラス用ヒーターについてはどうかって？　人工的な暖房を使う戸外の夜会のたびに、それらのヒーターは一〇キログラム以上の温室効果ガスを空に吐き出す。バーベキュー一年分では三分の一トンになる。代わりに、外へ出る前にもう一枚上着をはおればいい。もし一枚必要なら、ぜひご一報を。うちには祖母が編んでくれたみごとな毛糸のセーターが何枚かある。

　裏庭からの温室効果ガス排出を抑えるにあたって、わたしたちに

表4　裏庭での温室効果ガス排出削減の可能性
（1家庭1年分の2トンの排出量からの削減%）

	リデュース	リユース	リサイクル	堆肥化	家庭菜園
温室効果ガス削減量	最大70%	最大30%	最大30%	最大50%	最大100%

は十分な動機があるわけだ。やり方は、もっとリサイクルをしてゴミの量を減らすとか、裏口にハーブを植えるとか、いろいろあるだろう。あなたはもうすでにこういったことを始めているかもしれない。もしまだだとしても、マラリア交換会とか悪性腫瘍誘発の集いになりそうなバーベキューのことを考えれば、きっと行動せずにはいられないはずだ。それでもだめなら、無類の道具好き、ガソリンがぶ飲みの懐疑論者さえ、行動に駆り立てるものがある。お金である。

第6章　どちらが得か

エネルギー節約を呼びかけるパンフレットの最初の頁をさっと見れば、例のしたり顔のほかに、エネルギー効率を上げることとの経済的利点を強調した部分が目にとまるはずだ。ずっと昔、パンフレットの制作者や政策立案者は、わたしたちを小突いて行動を起こさせるうえで、財布がうってつけの小道具であることに気づいた。このニンジン戦略――お宅を断熱すれば、たった五年で、新車を買ったりモルディブで休暇を過ごしたりできるほどのお金が節約できます――は広くはびこっている。しかし、たぶんあなたも気づいたと思うが、ひとつ欠陥がある。家庭での熱の無駄が少なくなることイコールお金が貯まることイコール大きな車または休暇または目新しい道具類という図式である。これでは事実上、公害の交換だ。家庭暖房による排出を、長距離飛行による排出や、物に姿を変えたエネルギーという形での排出に換えているだけなのだ。

わたしたちが稼ぐ一枚のコインごとに、生活のなかの自由な一瞬ごとに、その現金を費やし、その瞬間を満たすための何かが生産されている。週末にショッピングモールで物を買って時間をつぶせるよう、わたしたちは一生懸命働くわけだ。しかしどれほど必死に働こうと、どんなに給料が上がったりクレジットの限度額が増したりしようと、買う物に終わりはない。環境運動は絶えずこの問題に直面している。ライフスタイルをもっと質素にしなさい、目覚めているあいだじゅう生活を支配しようとする消費万能主義を拒否して、将来の世代のために地球を救いなさいと彼らは説く。しかし彼らの言うように自給自足の生活をしようとして、堆肥化トイレを作り、困惑顔のメリノ羊を裏庭の芝生に引き入れて、予備の寝室に手織り機（ばた）を据えつけたとたんに、わたしたちはほかに何が買えるかを知りたがる。今度はどこで息抜きのショッピングをしようか？

その答えは、歯医者の待合室に置いてある政府後援パンフレットに載っている、例の公害交換図式への答えでもあるのだが、もっと幅広い文脈でものごとを捉えることである。家の断熱性を向上させて気候によいことをしたとしても大きな車を買えばそれが帳消しになってしまうと知っていたなら、わたしたちは節約できたお金を何かほかのことに使うだろう。持続可能性というのがこの場合の合言葉で、お金と気候変動がわたしたちを押したり引いたりして急いで連れ込もうとしているのが、この岩だらけの道なのである。

たとえばあなたが断熱性を改善したとしよう。五年で、かかった費用は節約できた暖房費で帳消しにできるだろう。別の見方をしてもいい。節約できたお金で、列車の定期をファーストクラスにグレードアップしたり、車を複式燃料型に改造したり、それともフードマイルの低い地元の旬の食品にもっとお金を使ったりできると考えてもいいわけだ。もっと節約すれば、念願の太陽熱温水器の頭金が払えるだろうし、毎月の労働時間を少なくすることさえできるかもしれない。それとも、もっと夢のない言い方をすれば、あなたの「気候配当」は銀行の当座借越しを少し減らすのに役立つだろう。

お金と気候との関係は、省エネ電球の使用によって電気料金が節約できるというような、単純なレベルの話にはとどまらない。気候変動がわたしたちの生活を直撃する多種多様な道は、ほとんどの場合、わたしたちの財布も直撃する。わたしたちの前にあるのは、不動産や車、庭、それに健康がこうむる損傷を修繕するために余分な出費を迫られる未来である。そのうえ税金も急上昇する可能性がある。わたしたちの排出削減を促したり、海面上昇や作物の不作、激しさを増す暴雨風雨などへの政府の対応を助けたりするための税金である。

＊　＊　＊

ところ変わってアラバマのカーボン家では大きな変化が進行中である。なかでも特筆すべきは、わたしたちがせっせと溜め込んでいる地球温暖化の勘定書きを押しつけられる世代の一員の登場だ。ケイト・カーボンはいつものように庭に出ている。木綿に覆われた月満ちた膨らみのせいで足元の雑草は見えにくいし、背中は猛烈に痛む。裏口のステップにどっかりと腰を下ろしたケイトは、勢いよく茂っている自分の小さな土地にみとれる。一列に並んだニンジンとどんどん膨らむカボチャは、つぶせばオレンジ色のドロドロになって、完璧なベビーフードになるだろう。けれども、ニンジン色の顔の赤ん坊にニンジンを食べさせるというほのぼのした夢は、しばしおあずけ――背中の痛みがひどくなってきたし、この収縮は断じてブラクストン・ヒックス収縮〔不規則で痛みを伴わない子宮の収縮〕ではない。ジョンに電話して、荒い息を始める時間だ。

一二時間後、ケイトの必死のがんばりの甲斐あって、カーボン家はとてもご機嫌斜めだけれども健康な娘を授かった。カーボンおばあちゃんが、赤ん坊の四倍もあるクマと「ほんものの汽車の音」を出せるアクティビティセンター〔いろいろな操作で多様な音が出せる知育玩具〕をそれぞれ抱えたジョージとヘンリーを連れてやってきた。青ざめた顔でほほえんでいるケイトとしっかりくるまれた赤ん坊のまわりにカーボン家が集合すると、「名前は何がいいか」という話になった。ルビー（カーボンおばあちゃん――「あんたの大おばさんがその名前だったんですよ」）にベリンダ（ジョージ――「ぼくのウサギも女の子だよ」）、バフィー（ヘンリー――「八歳の頃、バンパイアキラーのバフィーが僕のヒーローだったんだ」）と、さまざまな案が出された。しかしジョンとケイトはもう名前を決めていた。こうしてルーシー・カーボンが誕生した。

ルーシーが生まれたのは、地球上で最も金持ちで強い国の裕福な家庭だった。彼女は発展途上国の赤ん坊たちにとっては夢のまた夢でしかないような、いろいろな機会に恵まれている。それでもなお、彼女もまた、強まり加速しつつある気候変動との闘いに直面することになるし、年長者たちの故意の浪費に対する強い嫌悪感にもおそわれることだろう。万一、子供たちが親を憎む言い訳を必要とすることがあったとしても、ルーシー・カーボンとその同世代人なら、地球温暖化にすばらしい言い訳の種を見つけられる。

ルーシーはまだそんなことは知らない。いまのところ考えているのはおもに乳首のことで、仕事のことを考えるのはまだまだ先だが、ルーシーは銀行業で輝かしいキャリアを築く運命にある。いまから二八年の時を飛び越えれば（なんなら、不安定なタイムトラベル効果を利用してもいい）、ルーシーが景気のいい多国籍銀行の広報部でチームリーダーとして働いているところが見られるはずだ。二八歳のルーシーのまわりにはまだ、サンフランシスコのチームに会うために毎週アメリカ横断旅行をしたり、チューリッヒ支店と接触するために夜間飛行をしたりしていた頃からの人たちがいる。いまでは、航空運賃の高騰とヴァーチャル会議の快適さを受けて、ルーシーもめったに飛行機には乗らず、毎週の国際会議はくつろげる自分のデスクから出席する。

ルーシーのオフィスの窓から見える駐車場は、すっかり様変わりしている。車はいまよりも小型になり、数も少ない。車の駐車区画は境界線のフェンスのほうに押しやられ、ビルに近い部分には自転車用のラックが並んでいる。自転車購入の助成金制度が一〇年以上前に始まったのだが、遠すぎて自転車通勤が無理な人にはカーシェアリング方式への参加が欠かせない。たったひとりで車に乗ってくれば、ただでさえ法外な駐車料金が倍になる。

ルーシーが働いているビルさえ、以前と同じではない。こんにちのオフィス群とまったく同じようにまばゆく実用的に見えるが、一皮むけば、はるかに高いエネルギー効率基準を満たすように作られている。壁と床は最高の断熱性能を持ち、窓は冬は日光を受けて暖かく逆に夏は涼しいように配置され、正面の回転ドアさえ、室温を一定に保つようなデザインだ。ここでは、リサイクル用トレイが丸めてゴミ箱に突っ込んであるというようなことはない。ルーシーのビルではいまやどのオフィスも、法令にしたがってリサイクルとエネルギー節約の方策を講じなければならない。どのフロアもエネルギー役員を置き、年次決算の一環として環境適合検査を受ける。サーモスタットや照明レベルがチェックされて適正化され、オフィスの機器には電気および紙を節約する付属品が最初から設置され、リサイクルできる物をゴミ箱に捨てた者は警告を受ける。

オフィスじゅうのカレンダーの日付がバツ印で消されていき、省エネウォータークーラーの周囲での話題がもっぱら休暇のプランのことになると、さらに多くの変化が明らかになる。もはやほとんどの人が、ジェット機での休暇旅行など頭から考えていない。排出税と、地球温暖化に対する懸念の増大とが一緒になって、国内旅行を後押ししている。世界の旅行地図を塗り替えたのは気候への意識の高まりだけではない。ルーシーが生まれる前でさえ、カーボン家の休暇には変化が現れていた。彼女がオンラインでパンフレットをカチカチとチェックするようになる頃には、いまわたしたちが押しかけている観光地のいくつかは旅行客のレーダーから完全に脱落しており、色あせた絵葉書だけが、かろうじて往時を偲ばせる。

太陽を求める何百万ものアメリカ人お気に入りの観光地であるメキシコがカーボン家にとっては暑すぎる場所になったように、ヨーロッパの有名観光地も、経済の活力の元である観光客をもっと北方に押しやる気温に直面している。当初は観光業の強い味方と思われたジェット旅行は、多くの人にとって呪わしいものとなった。二〇世紀に無数の観光客を乗せて飛んでいたその同じジェット機が、同時に、いま観光客を遠ざけている気候変動を推し進めていたのである。

かつてサンゴ礁はカリブ海沿岸やオーストラリア、東南アジアのリゾート地に毎年何百万もの人々を引き寄せ、同時に観光客が落とす何十億ものドルも引き寄せた。ルーシーが水中での休暇を夢想する頃には、そういったサンゴ礁とリゾート地の多くは海水温の上昇や乱獲、汚染によって姿を消していた。

現在、ダイビング観光は年に二〇億ドルをカリブ海沿岸にもたらしている。さらにサンゴ礁が漁業にもたらす恵みと防波堤としての役目を加えれば、この皮殻質の野生の楽園は毎年三〇億ドルから四五億ドルを地域のために稼いでいるわけだ。二〇一五年には、この収入が毎年約三億ドルずつ減っていくと予想される。観光客がカリブ海を避けて、もっと劣化と俗化の少ないビーチで自分の持ち物をひけらかそうとするからである。

ずっと南のグレートバリアリーフは現在、オーストラリアの観光産業に四〇億オーストラリアドルを超える稼ぎをもたらしている。ここでもサンゴや野生生物、そしてそれに依存する暮らしに対する同じような脅威が明らかになっている。科学者のなかには、今世紀半ばには、このリーフの生きたサンゴの九五パーセントまでが消えているだろうと予測する者もいる。そのような枯死が二〇二〇年までに金額にして八〇億オーストラリアドル、それに一万二〇〇〇人の失業という経済的損失をもたらすと推測されている。

偉大な故ダグラス・アダムズはその著『*Last Chance to See*（これで見納め）』で、絶滅の危機に瀕している数多くの動物種の生息地を訪れ、その保護の必要性を浮き彫りにした。そのような行動が、生態系や絶滅危惧種、そしてそれらに依存している人々にとってはぜひ必要である。サンゴ礁が観光客とその財布を引き寄せてくれるように、ガラパゴスのイグアナ、ニュージーランドのキーウィ、ボルネオのオランウータンも同じ働きをしている。多くの生態系の破壊や動物ならびに植物種の消滅への懸念から、「エコ・ツーリズム」というまったく新しい行楽の理念が生まれ、またたくまに年に何十億ドルもの収益をあげる一大産業に成長した。熱帯雨林やサバンナのような地域を訪れる者は生態系と地元経済の保護を保証するというのが、その基本的な前提である。つまりあなたは、昔ながらの染色されたサンゴの塊りや大量生産されたオランウータン人形、ゆっくりと分解していく象の足の丸椅子などではなく、写真やみやげ話を持ち帰ることになる。

残念ながら、海面や気温、降雨量の急激な上昇は、地元で作られたディジェリドゥー（アボリジニの楽器）が束になってがんばっても、あるいは地球にやさしい自然散策が世界中で行なわれても、やみはしないだろう。ホーホーと声をあげながら森を渡ってゆくテナガザルから、彼らが食べるニョロニョロ虫まで、あらゆる植物および動物種の三分の一が、気候変動によって二一世紀中に絶滅に追い込まれるおそれがあると予想されている。生態系全体が、食物連鎖のあちこちへの測り知れない打撃によって損なわれるだろうが、わたしたちもその生態系の一部なのである。地域の野生生物によってもたらされる観光客のお金に依存している数多くの人々が、最後の一匹となったテナガザルの最後の孤独な叫びとともに、自分たちの生計手段が消えるのを見ることになるだろう。

というわけで、ルーシーにはボルネオのジャングルも、カリブのセントルシアでのダイビングもない。スキー旅行はどうだろう？　相当の高地に行くか、でなければリゾート地に十分なスノーマシンがあれば問題ない。しかしルーシーが生まれた頃に人々が大挙して押し寄せていたリゾート地は、彼女が初めてのリフトパスを受け取る頃にはとっくに過去の遺物となっている。かっては年に一メートルは確実に積もった場所でも、地面がうっすらと雪化粧する程度になってしまった。

毎年冬になると、わたしはウェストロージアンに雪が降るという予報を見つけようと、天気予報をあちこちはしごして長い時間を過ごす。そして夜ごとカーテンの隙間から外を覗いて、降雪確率五パーセントという予報が、ホットチョコレートを飲んだり雪の要塞を作ったりして一日中家で過ごす口実を果たして与えてくれたかどうか、見ようとする。いまだかつて、与えてくれたためしがない。これはわたしを苛立たせるが、妻にとっても苛立たしいことかもしれない。気候変動を呪ってうめく冷たい足の夫か、数片の雪を祝って踊り回る半分正気を失った夫か、どちらかをがまんしなければならないのだから。けれどもスコットランドの多くの人にとっては、苛立たしいどころの話ではない。雪らしい雪をもたらさない冬は失業を意味する。スコットランドのスキー産業はけっして大規模なものではなく、最盛期でも収益は年に三〇〇〇万ポンドほどのものだった。しかしそれがいまや憂慮すべきスピードで縮んでいる。二〇〇四年の冬のあいだに――この年も雪がほとんどなく一月にはブヨが人を刺した――スコットランドの五か所のスキーリゾートのうち二つがとうとう、下がりゆく収入と上がりゆく気温との闘いをあきらめ、身売りを決意した。ほかの三か所も見通しは暗く、この業界そのものが、今後二〇年と持ちこたえられそうにない。スコットランドのスキー産業に身を置く何百人もの人々にとって、失業は雪のない冬同様に不可避なようだ。

世界中で、スキー産業は同じようにきびしい状況にある。オーストリアでは今後三〇年で降雪線が三〇〇メートル以上、上昇するかもしれない。地球の反対側のオーストラリアでは、二〇七〇年にはいまのスキーリゾートで生き残っているものはひとつもない公算が大きい。それらは合わせて年に四億オーストラリアドルの収益をあげている。愛らしい三角屋根のシャレー〔軒が広く突き出た家〕と、スキーの後に待っている、雪盲（せつもう）を悪化させるほど高額の勘定書きで有名なスイスでは、二三〇のスキーリゾートの六〇パーセント以上が雪不足に悩まされるようになるおそれがある。ドイツやイタリアでも事情は似たようなものだ。

もちろん、わたしたちがみな、まだ休暇旅行に行きたいと思っているかぎり、どこかで誰かがわたしたち観光客のドルを手にするだろう。もしある場所のサンゴ礁がひどく劣化するままになっていたとしても、別のところではよく保護されていれば、わたしたちとしては行き先を変更するまでのこと。一九九七年、アルプスの斜面に雪はほとんどなかった。代わりに、モロッコのスキーリゾートにはお客がどっと押しかけた。スコットランドのスキー産業は高速のダウンヒルに突入しつつあるが、夏が暖かくなり、いっぽう地中海地方では不快なほどに暑くなることで、スコットランド観光の最盛期が単に一年の中頃に移動するだけとも考えられる。

大きな先行き不透明感に直面しているのは観光産業だけではない。きびしい気候はほんの数分で、農家に壊滅的な被害をもたらしうる。一九九八年にアメリカとカナダを襲ったようなアイスストーム（着氷性の雨を伴う暴風）は何百頭もの家畜を殺すことがある。一九九七年から九八年にかけてのエルニーニョがもたらしたような旱魃は、全収穫を無にしてしまう。このときは、ニュージーランドだけでも五億ニュージーランドドルを超える被害が出た。

もし陸ではなく海での仕事があなたの天職なら、漁師よりは航海士のほうがいい選択だろう。大がかりな乱獲が世界の漁業資源を枯渇させ、その結果失業をもたらしていることは否定できない。しかし多くの場合、たとえば北海タラの場合、海水温の上昇がそういった枯渇をさらに加速させ、いっそう永続的なものにする可能性もある。獲りすぎの影響と地球温暖化の影響を分けることはむずかしい。けれども両方があいまって、一九七〇年代には二五万トンだったタラ資源がこんにちではその五分の一に落ち込んでいる。イギリスでは一万五〇〇〇人の漁師が、今後五年でタラが商業的には絶滅してしまうという見通しに直面している。

*　　*　　*

森林労働者も不透明な未来に直面している。二酸化炭素が増えれば木によっては生長が早まるだろうが、害虫が増え、旱魃が長引き、嵐の被害で大きな面積の森が失われるおそれも増す。今世紀中に平均気温が摂氏二度上昇すれば、アメリカの森林樹木種の多くにとって理想的な地帯は、約三二〇キロ北にずれるだろう。温暖化する北方に入植して灼熱の南方から退却するための時間が何千年もあるなら、そのようなずれがあっても大丈夫だ。ところが一〇〇年もないということになれば、年に三キロの割りで北に移動していく必要がある。多くの木にはとても対応できないスピードだ。

いっぽう、樹木外科医は仕事を断るのに忙しくなるだろう。一九八七年のイギリスの「グレートストーム」では、推定で一五〇〇万本の木が失われた。ケント州にセヴンオークスという有名な村があるが、そこはセヴンオークスならぬ「ワンオーク」、および大量の太目の丸太」となり、イギリス中の樹木外科医が一年分の仕事を一夜にして手に入れたのだった。建築業も繁盛するはずだ。地盤沈下の被害や曲がった道路の補修から、洪水防護壁の新設やエネルギー効率の改善工事まで、修理や建設の仕事がたくさんあるだろう。

ジョン・カーボンの業種——保険業——は、保障の対象とする人々や財産によっては、きわめて困難な仕事になる可能性がある。現在、平均的なアメリカ人は毎年二五〇〇ドル以上を保険料として支払っている。一九八〇年代半ばから一九九〇年代後半にかけて、暴風雨や洪水から竜巻や旱魃までの気象災害による被害額は推定二五三〇億ドルに達し、その四〇パーセントには個人の保険がかかっていた。すでに莫大なものとなっているこのような損失が急速に増加している。

気候変動が一翼を担っているのは確かだが、富もそうである。毎年、ますます多くの人が、ますます多くの物とともに、ますます厳しくなる気候の行く手に居を定める。たとえ保険業者が基本的にギャンブラーだとしても、これでは確率はどんどん不利になるいっぽうである。アメリカの高い生活水準、それに多くのアメリカ市民のひ弱さを考えると、財務上の損失が出る可能性はきわめて高い。浜辺のコンドミニアムからタジマハール気取りの邸宅まで、メキシコ湾岸や大西洋沿岸沿いの資産の価値を合わせれば、三兆ドルを軽く超える。それだけの不動産が、膨れ上がる海のそばに居座っているのである。

一九九〇年には洪水がヨーロッパの海岸線沿いの二万三〇〇〇人を襲った。もしわたしたちが行動を起こさなければ、二〇八〇年代には年に五〇〇〇万人前後の人々が同じ運命に苦しむのを見ることになる。海面が一メートル上昇すれば、オランダの三五〇〇万人以上の人々の家が洪水に襲われる――人口の四分の一である。それによって一八六〇億ドルの損失が生じ、二〇〇〇平方キロを超える国土が壊滅的な被害を受けるだろう。

気象関連の請求が急増するのに伴い、世界中の保険事業所の直面する苦況はますます深刻さを増している。ジョン・カーボンがいまの会社で仕事を始めたのは一九六九年のことだったが、そのときから一九九八年までのあいだにアメリカの保険会社六五〇社が経営破綻した。そのうち五〇社は自然災害が直接の原因だった。一九九二年のハリケーン・アンドルーと一九九八年のアイスストームによる損失は甚大で、保険会社の必死の努力にもいっそう拍車がかかった。もっと的確な災害モデルを作って建物の立地を検討してみたり、ハイリスクの保険契約を断ったり、お決まりのピンストライプのスーツを廃止したりしたのだった。

一九九八年のアイスストームによる損失は特に大きかった。アメリカおよびカナダで八〇万件、総額一〇億ドルを超える保険金請求があった。四五人が死亡し、五〇〇万人以上が電気のない生活を強いられ、アメリカの森林七万平方キロが被害を受けた。カナダの労働者は一〇億ドルの賃金を失い、農業部門では家畜と作物の被害が二五〇〇万ドルにのぼった。

ヨーロッパでも状況は似たようなものである。一九九〇年代には猛烈な暴風雨によって保険業界が巨額の損失をこうむった。一九九〇年の「ダリア」はフランス、ドイツ、イギリスで六〇億ドル近い損害と九五人の死をもたらした。そのすぐ翌月の「ヴィヴィアン」は北海沿岸を進みながら猛威をふるい、四〇億ドルの被害と六四人の死者を出した。洪水の被害も甚大である。一九九六年に中央ヨーロッパで起こったオドラ川洪水では一〇〇人以上が死に、五〇億ドル相当の被害が出た。大災害による世界全体の経済的損失は、一九五〇年代と一九九〇年代とを比較すると一〇倍にも増えている。一九九九年にシドニーを襲ったあられを伴う嵐の場合、単独で一〇億ドル近い被害をもたらした。

保険業者に夜もおちおち眠れないような思いをさせるこういった深刻なできごとが、さらに頻度を増し、さらに激しくなろうとしている。これを受けてすでに保険料が値上がりしており、度重なる洪水のために保険の適用外となった地域もある。リスクの低い地域の家庭もすぐに、極端な気象に対する保障をカバーするには余分に支払わなければならなくなるだろう。

保険業者にとって気候変動が恐ろしいのは、自分たちがいつもやってきたビジネスをあてはめることができないからである。以前は「野球ボール大のあられを伴う嵐にあう頻度はどれくらいか」という問いを提起し、それにしたがって車のフロントガラスに対する保険料を設定すればよかった。これまでは五〇年に一度とか一〇〇年に一度だったできごとが毎年起こり始める、あるいはこれまで一度も起こったことがない地域で起こり始めるというのは、過去の頻度表に頼っている保険業者にとって、あまりにも腹立たしい状況だ。

政府も多額の勘定を受け持つことになりそうで、そうなれば税金という形でつけを払うのはわたしたちだ。カナダ政府は一九八二年から一九九九年のあいだに一五〇億ドル近くを災害援助に支出しているが、アメリカでは一九七七年から一九九三年のあいだの同様の支出が一一九〇億ドルにも達している。ハリケーン・アンドルーが一九九二年にアメリカ南東部を襲ったときには、一五〇億ドルを超える被害が出た。いま同じハリケーンが来たなら、被害額は倍になるだろう。インフレに加え、当時よりもはるかに多くの不動産や人々がその進路上にいるからである。

＊　＊　＊

ルーシーが最初の家を探す頃には、初めて家を買ういまの人たちよりも気候変動のことを強く意識した選択をするようになっている。「洪水の危険地域ではありませんか？」寝室の数を確かめさえしないうちに、まずそう訊く。次に訊ねるのが、「嵐はどれくらいの頻度で来ますか？」「夏はどれくらい暑くなりますか？」「西ナイルウイルスやマラリア、シャガス病の蔓延地域ではありませんか？」といった質問だ。これらすべての条件を満たす不動産になら、ルーシーは気前よくお金を払うだろう。

こんにちでは、最高に安全な場所にある家でも、建物の保険料はかなり高くなっている。イギリスでは地盤沈下によって徐々に進行する亀裂で、すでに毎年六億ドルの被害が出ている。イギリス保険協会の予想によれば、この数字は今世紀中頃には年に四〇億ドルに上昇するだろうという。将来のマイホーム購入者にとって、決断の決め手となる質問は「暖房と照明はどうなっていますか？」になるだろう。電気や石油、ガスが史上空前の高値になることから、初めてのマイホームを買うのに、断熱が貧弱だったり暖房や照明器具の効率が悪かったりする家を買う余裕はない。ルーシーが家探しをする頃、ソーラーパネルは一部の風変わりな不動産業者だけのものではなく、寝室と続きになったバスルームと同じくらい、標準的な装備となっている。

いくつかの国ではすでに、もっと気候に配慮した生活を奨励するための助成金制度が導入されている。暖房や断熱の性能向上、太陽エネルギーの導入、複式燃料車への改造、堆肥化容器の購入などへの補助である。将来は、再生可能なエネルギーの使用、家庭ごみの減量、公共交通機関や自転車の利用、エネルギー効率のいい家庭電化製品などにさらに助成金が交付されるようになるだろう。多くのムチに少々のニンジンというわけだ。

二〇三〇年には地元のスーパーの陳列棚もかなり様変わりしているはずだ。手結びのチャイブ? あっちへ行きな! ってなわけで、うまくいけば、どの品物にもフードマイルのラベルがついていることだろう。航空貨物への課税強化で、地球の反対側から来た時期はずれの果物や野菜がほしいなら海上輸送品で我慢するしかないし、割り増し料金も払わなければならないだろう。いまのようなプラスチックの鞘に入ったバナナも、肉や乳製品の三重包装も、当然姿を消しているはずだ。

レジのところにはレジ袋の棚がない。自分の買い物袋を持って行かなかった場合、ルーシーは大金を払って、分解可能な袋を買う(返せば代金の払い戻しがある)。で、ルーシーの食料品の勘定は? 地球温暖化が世界の食糧生産におよぼす影響の予測値には、不確かな要素が多いため、幅がある。広く合意が得られている点としては、地球の気温が摂氏二・五度かそれ以上高くなれば、その他の数多くの問題に加え、食料価格の上昇も予想され、穀物価格は最大四五パーセントの値上がりを見せるだろう。

帰宅したルーシーは低フードマイルのディナーを食べ終えたところだが、調理台の上にゴミはほとんどなく、あったとしても裏口のゴミ容器に捨てるものはない。プラスチック、金属、紙はリサイクルのために分け、食べ残しは堆肥化または回収用に分ける。週末にゴミ容器があまりにもいっぱいになった場合は、翌日罰金をテープで容器に留めつける。実際、これはすでにアメリカとヨーロッパの一部で行なわれている。「捨てる分だけ払う」ということで、各世帯がゴミ一袋ごとに費用を支払う。この方式はまだ始まったばかりだが、一般にリサイクル率を三〇パーセントから六〇パーセント向上させている。

＊　＊　＊

気候変動が激しさを増すにつれ、それが創り出す経済的なニンジンとムチがわたしたちのライフスタイルを変化させ、財布にも大きな影響を与えるだろう。けれども、もし排出に対して当人に勘定を払わせることができるとしたらどうだろう？　隣のＳＵＶの持ち主とか通りの向こうのジェット族の広告会社重役に、彼らが気候に与えている余分な負荷に対する課徴金を請求することができるとしたら？

彼らの家の玄関をちょっと想像してみよう。ちょうど今日の郵便が届いたところで、いつものジャンクメールの山のなかに、明らかに請求書らしきものがある。普通の請求書ではない。彼らが与えた損害に対する請求、彼らが行ったこともない国々の、知りもしない無数の人々からの請求書である。これは彼ら個人の排出の明細書なのだ。

広く受け入れられた数値（受け入れられたのは、あまりにも幅があるため）によれば、排出された温室効果ガス一トンにつき、二ドルから八〇ドル相当の被害がもたらされるという。これではとても正確とはいえない。話を簡単にするため、この両極端の中間をとって、温室効果ガス一トンにつき、洪水や暴風雨の被害、農産物の不作、医療費の増大などを通じて四〇ドルの損害が出るとしよう。カーボン家は年間三九トンを超える温室効果ガスに責任がある。計算すれば、この典型的なアメリカの家族は毎年一五〇〇ドル前後の損害を与えていることになる。SUVを運転するだけで、この経済学でいう「外部効果」（バンパーステッカーやホイールキャップには関係がないので、念のため）は、年に五〇〇ドルよけいになる。

では世界の大企業の責任についてはどうか？ 最近の研究で、人間の出す温室効果ガスと、たとえば二〇〇三年にヨーロッパを襲った熱波のような気象関連災害とのあいだに直接のつながりのあることがわかっている。もし、たとえばこの酷暑による二万人以上の死と世界の大口排出者の地球温暖化への寄与につながりがあるということになれば、そこらじゅうにいる訴訟弁護士が

表5　カーボン家の年間排出明細書（ドルに換算した地球損傷）

	車	飛行機旅行	家庭エネルギー	食料
カーボン家排出明細				
1,520ドル	720ドル	100ドル	520ドル	180ドル

はじき出す請求はものすごい額になるだろう。

一トンの温室効果ガスにつき四〇ドルという推定値を使うと、いくつかの企業の排出から発生する年間損失額は何百万ドル、場合によっては何十億ドルにも達する。

いまは誰がこの勘定を払っているのだろうか？　たいていの場合、誰かの家が洪水にあったということであれば、その人たちが加入していた保険業者か、大あわての政府と防波堤建設事業主である。そういう損害のいくぶんかは、税金の増額を通じてSUVの持ち主やジェット族の重役のところに戻っていくだろう。しかし気候変動はもともと地球全体の問題であるから、請求書が最後に行き着くのは、はるかに貧しい誰かの郵便受けの中となる公算が大きい。

もしカーボン家の排出が一五〇〇ドル相当の損害を引き起こすなら、それに応じて税金を課すべきだろうか？　近年、個人に排出量を割り当てるという考え方が現れている。いまはまだ、非現実的だ、効果がない、さらには共産主義的だとして嘲笑されているものの、しだいに受け入れられ始めている。さまざまなやり方が唱えられているが、突き詰めると基本的には同じ、次のようなことになる。わたしたちひとりひとり――あなたもわたしも、ケイトとジョンのカーボン夫妻も、ルーシーさえも――が、地球温暖化の割り当て額を与えられ、車のガソリンタンクを満杯にしたり、暖房温度をぐっと引き上げたり、遠方への休暇旅行に出かけたりするたびに、その割り当て額の一部を使う。つまり、そういった配給量を設定して、過剰に排出する人に課税し、あまりしない人に報酬を与えれば、全体の排出量が引き下げられるうえ、ある種の世界的な公平が達成できるというのが、この考え方の骨子である。ひとつの案として気候クレジットカードが提案されている。満タンにするたびに、ガソリンの価格分が銀行口座と気候口座から同時に引き落とされるしくみだ。割当量をオーバーしそうだ？　その場合は温室効果ガスの追加分一トンにつき、たとえば四〇ドルなら四〇ドルを支払うことになる。割り当て量が残れば、未使用の気候クレジットを売ることができる。そのお金で苦行僧向けの硬い毛織のシャツを買い、ますますきびしく身を処するのもよかろう。

理屈の上では実にすばらしいアイディアだし、実現するところをぜひ見たいものだ。けれども、先進国の政府が個人の排出に対するそのような直接の課税に踏み切るまでには、まだかなり時間が必要なようだ。もし、高額の燃料税に不満を抱くひとにぎりのトラック運転手がイギリスを機能麻痺状態に追い込めるなら（というのも二〇〇〇年の秋に現実にそれが起こったからだが）、「新税導入なし」どころか全員が二酸化炭素の割り当てを受けることになるというニュースにアメリカ人がどんな反応を見せるかは、推して知るべしである。今世紀半ばまでに「魔法の」六〇パーセント削減を達成すべく、「縮小と転換」と名づけられた画期的なモデルが考案されている。このモデルのもとでは、わたしたちはそれぞれ、年に四〇〇キログラムの炭素を排出することが許される。長距離飛行を一回すれば、それだけで一年分の割り当て量が吹っ飛んでしまう。個人への炭素割り当てはいずれ日の目を見るだろうが、それが効果を発揮するためには、トラック運転手も含め誰もが、なぜ払わせられるのかをきちんと理解している必要がある。

政治のほうからいえば、地球温暖化の影響が実際に現れ始めるにつれ、新税導入や既存の税の引き上げが不可避になる。そういった炭素税あるいは気候税はエネルギーの無駄使いや化石燃料の使用を控えさせるためのものだが、ビジネスの場から、やがては地域社会や個人までも含むように拡大されていく可能性が大きい。空の旅行の割増料金から毎週一袋以上のゴミに対する負担金まで、温室効果ガスを出す行動をやめさせるための経済的な圧力が、平均的な家族にますます重くのしかかるだろう。しかし気候を救う個人の行動には一般にお金が一切かからず、それどころか節約にさえなるのに対して、国家のあるいは国際的な緩和措置は場合によっては非常に費用がかかる。政府にとっての真の難問は、気候変動によって明日もたらされる災害による被害額が、今日、排出を削減するコストを上回るかどうかである。多くの国にとって、答えは明らかだ。イエス、削減しよう、それも早く。

海面上昇は、たとえばオランダを事実上破滅に追い込む可能性がある。気候変動が緩和されなければ、えらを発達させる以外、オランダ人にとって唯一の選択肢は大規模な堤防を築くことである。そのような海面上昇に対応できるような堤防となると巨額の費用が必要になる。一二〇億ドルを超えるかもしれない。イングランドとウェールズではいまでも一五〇万戸が洪水の脅威にさらされている。もし洪水に対して何の手も打たなければ、現在の毎年二〇億ドルの損失ではすまなくなり、二〇八〇年にはこの二〇倍の数字に直面することになるだろう。

低地や海岸沿いへの人口密集を特徴とする豊かな国、日本でも、海面上昇は同じように壊滅的な被害をもたらす可能性がある。一メートルの上昇は、このすでに土地の少ない国の二〇〇〇平方キロ以上を危険地域とし、四〇〇万人を超える人々と一〇九兆円相当の不動産を危険にさらすだろうが、この程度の上昇は二一世紀が終わりに近づく頃には十分に考えられる。リストはさらに続き、とほうもなく大きな数字が並ぶ。たとえば、エジプトは五〇センチの上昇で観光産業や国土、不動産の喪失による三五〇億ドルの請求書に直面し、ポーランドは一メートルの海面上昇で三〇〇億ドルを失う。オーストラリアとニュージーランドでは、現在の予想によると、二酸化炭素が倍になればGDPが一パーセントから四パーセント落ち込むという。地球全体では、今世紀半ばには大気中の二酸化炭素の倍増によって、年に三〇〇〇億ドルの損害がもたらされるかもしれない。

京都議定書は闘いの傷跡だらけの戦場である。そこでは経済学と科学が、各国の利害を一致させるために利用された。この議定書は気候変動に対して国際社会が揃って高度な行動を起こした、初めての一歩を表わしている。大量に排出している豊かな国、たとえばアメリカやオーストラリアにとって、議定書に提示されたかなり限定的な削減でさえ、大した出費を意味するらしい。

二〇〇一年、アメリカは経済的なコストを主な理由に京都議定書から離脱した。アメリカが拒否した京都議定書なみの削減（一九九〇年の排出の七パーセント）を達成するためのコストは、一三〇億ドルと三九七〇億ドルのあいだのどこかになる。では、この緩和コストはアメリカでの気候変動による損害額に対して、どれくらいに相当するのだろうか？

前者が後者をはるかに上回るに違いない、だからアメリカの立場には根拠があるのだろうと思うかもしれないが、けっしてそんなことはない。二酸化炭素濃度が産業革命以前の倍になることで、二〇五〇年のアメリカは年に七〇〇億ドルの損失をこうむり、医療費だけでも年に一六〇億ドルにのぼると推測されている。もしもっと悲惨なシナリオのいくつかが実現するようなことになれば（たとえば西南極大陸氷床の融解によって海面が数メートル上昇するとか）、アメリカの被害は何千億ドルにも達する可能性がある。というわけで、行動してもしなくても大金を支払うことになるわけだ。ふたつの場合、それぞれのコストを比較した最近の研究では、アメリカが京都議定書の義務を果たした場合の正味のコストは微々たるものだという結論が出ている（ＧＤＰ

の一パーセント前後）。

難解な気候変動経済学の世界が、あらゆる党派の政治家に武器を提供し続けることはまちがいない。とりわけ、予測値に大きな幅があることは有利である。予測は時とともに正確になり、幅も狭まっていくだろう。そして経済的理由から行動に賛成する議論がさらに強力になっていくと思われる。残念ながら、経済専門家が気候変動に関する正確な数字を手にする頃には、洪水がおそらく政治家の家のドアに押し寄せていることだろう。しかし政治家が手をこまねいて最悪の事態を待っているあいだに、わたしたちは生活のあらゆる領域で地球温暖化との闘いに取り組むことができる。それには国際的なコンセンサスもいらなければ、既得権団体に気を使う必要もない。

わたしたちは自国の政治家に手本を示すことができるだろうか？　科学界は壊滅的な影響を避けるには温室効果ガス排出の六〇パーセント削減が必要だと警告しているが、京都議定書がきちんと履行されてさえ、地球全体の排出はほんの数パーセント低下するだけである。ではどうしたら、わたしたちの行動で六〇パーセントという目標を達成できるだろう？　一生涯にわたって、幼稚園への通園の仕方から埋葬方法まで、わたしたちは地球温暖化にどれくらい大きな寄与をしているのだろう？　気候に留意することで、その寄与にどれくらいの違いが出るのだろう？

第7章　緑の遺産

気候変動で最も心が痛むことのひとつは、いったんはずみがつくと容易には止まらないことである。わたしたちがいま排出している温室効果ガスの多くは、この惑星に何世紀も影響を及ぼし続ける。今日の買いだしあるいは通勤によって出た二酸化炭素の分子は、わたしたちの孫のそのまた孫が二二世紀の温暖化した世界に生まれ出るときになってもまだ、大気中をうろついているだろう。皮肉なたとえを使えば、わたしたちがいま昼となく夜となく大気につけ足している温室効果ガスは、氷河のてっぺんに降り続き、けっしてやむことのない雪のようなものである。雪が降れば降るほど、氷河は大きくなり、その影響は遠くまで及ぶ。同じように、二酸化炭素一キログラムごとに、あるいはジェット飛行が一回よけいに行なわれオフィスの灯りがひとつよけいに点灯されるたびに、地球温暖化という、世界を変えるような氷河にまたあらたな一降りが加わる。

もちろん、大きな違いは、世界中のほんものの氷河が縮みつつあるのに対して、わたしたちの温室効果「氷河」は成長しつつあることだ。そして前者の縮小をもたらしているのが、まさに後者の膨張なのである。

一生涯にわたって、わたしたちひとりひとりが多くの温室効果ガスを排出するわけだが、なかにはとりわけ大量の排出に責任がある者もいる。車での移動やジェット機旅行のたびに、航空貨物のキウィフルーツや、プラスチック包装のバナナを買うたびに、排出された量の総和が、地球温暖化という遺産となる。あとから来る者たちすべてにわたしたちが残す遺産である。もっと緑濃い遺産を残したいなら、そういった一生にわたる排出、すなわち氷河に積もる余分な雪を削減することが、鍵となる。

ルーシー・カーボンが人生をスタートさせたちょうどその頃、自分のライフスタイルに関するあらゆる決定をするのはまだこれからというときに、カーボンおばあちゃんは人生の終わりにさしかかっていた。ふたつの大戦のあいだに生まれたおばあちゃんは、自家用車、家庭での電気やガスの使用、食料の大量消費、世界を変えたテクノロジーなどの登場を見てきた。こういった変化そのものが、おばあちゃんの孫娘の世代が直面する急速な気候変動に対して、その責任の大半を担ってもいる。カーボンおばあちゃんは、車がまだ珍しく、ジェット機がまだ発明されていなかった頃を憶えている。食事のあとにゴミ箱行きとなるのはしゃぶりつくされたチキンの骨少々だけで、それも日曜に限ってのことだった。

わたしたちは一九五〇年代以前の暮らし方に単に後戻りすることはできない。実際、そんなことをしたい人はほとんどいないだろう。ばら色の色眼鏡ごしに過去を振り返って、人生がもっと単純だった時代にあこがれるのは簡単だ。しかしそれでは、先進国のいたるところでわたしたちがいま享受している、テクノロジーや医療、食生活、生活水準の大きな前進を無視することになる。とはいうものの、この息を呑むような発展の代償が、温室効果ガス排出の莫大な増加なのだ。

カーボンおばあちゃんは一九三二年、第二次大戦前のアメリカに生まれた。人生の最初の一八年間は、学校に通い、家の手伝いをし、故郷の町の多くの男たちが戦争に行き二度と戻らなかったのを目にした。おばあちゃんの肩幅の広い兄もそのなかに含まれていた。戦時中は誰にとっても、精神的にも経済的にもつらい時期だった。けれども、家庭でのエネルギー消費は少なく、自家製や地場産の食料が豊富で、自家用車はないという際立った特徴を持つ時代でもあった。当然おばあちゃんの子供時代の排出はとても少なく、年に数百キログラムにすぎなかった。一八回目の誕生日に、おばあちゃんはダンスパーティーで気立てのよいフランシス・カーボン中尉に出会い、恋に落ちて、半年もしないうちに結婚した。

一九五〇年の暑い夏に、結婚したてのカーボンおばあちゃんは夫とともに新居に移った。自分たちの最初の車――スーツケースを積んだ青と白のリンカーンカプリ――で、ふたりは下見板張(したみいた)

りの家の草ぼうぼうの私道に乗り入れ、こうして四〇年以上にわたる結婚生活のスタートを切ったのだった。それは世界中のどこでもそうだったように、旅行、家庭でのガスや電気の使用、それに温室効果ガスの排出にきわめて大きな変化が見られた年月でもあった。

最初のうち、カーボンおばあちゃんとおじいちゃんは比較的少量の温室効果ガスしか出さなかった。彼らの車は燃費がいいとはいえなかったが、一九五〇年代の年間の平均走行距離はいまよりもかなり少なかった。彼らのリンカーンが出す温室効果ガスは年に六トンにも満たないくらいで、ひとりあたまにすれば三トンである。結婚生活の最初の一〇年は飛行機旅行などなく、ハネムーンでさえ、列車に乗ってロッキー山へ行ったものだった。

新居はすきま風がひどかったが、この一九五〇年代のカップルにとっては、「重ね着する」というのが、考えるまでもなく当然の解決策だった。アラバマの暑い夏の日には、正午頃にはあまり働かず、日陰から出ないようにした。石炭を燃やす暖房が彼らのおもな温室効果ガス排出源で、年に約五トンになった。家庭用の電気の使用も、当時はいまの平均の一〇分の一ほどだった。

カーボン夫妻の食料品のほとんどは地場産だったし、余裕のない家計と無駄を戒める戦時の考え方のおかげで、彼らのゴミはこんにちの平均の三分の一ほどだった。したがって一九五〇年代を通じてカーボンおばあちゃんの排出は少なく、家庭の排出分を夫婦で二等分すれば、おばあちゃんの分は年に六トンほどだった。

一九五〇年代末から一九六〇年代初めにかけて、いろいろな変化が起きようとしていた。電気が、石炭や薪に代わってアメリカの家庭のおもなエネルギー源になり始めた。送電線による電気の供給が国中に広まり、電気による照明や暖房をもたらすとともに、町のショーウィンドウに現れ始めた洗濯機や冷蔵庫を始めとする家庭電化製品の動力となった。供給が増え、電気料金が下がってさらに需要が増すにつれ、エネルギーの総消費量はうなぎ登りに増えて行った。

一九六〇年代半ばには、アメリカの家庭のエネルギー使用量はカーボン夫妻が新居に移ってきた当時の倍になっていた。同じ期間に電気の使用量は四倍になった。このテクノロジーの進歩と冷戦の恐怖にいろどられためまぐるしい時代に、ジョン・カーボンは生を享け、カーボン家の温室効果ガス排出に、初めはささやかながらも、彼自身の寄与をつけ加えることになる。

一九七〇年代にはエネルギー革命が最高潮に達した。先進国のいたるところで、家庭からの排出が急増した。一九七五年にはアメリカでの家庭エネルギー使用量が一九五〇年の三倍に跳ね上がった。リンカーンカプリは、もっとしゃれたファミリーカーに取り替えられたが、これは一家が一九五〇年代に乗っていたオープンカーよりもさらに非効率的なエンジンを搭載していて、一リットルあたり六キロも走らなかった。

一年が過ぎるたびに、カーボンおばあちゃんの温室効果ガス排出は増えていった。キッチンには家事労働を軽減する道具類が現れたが、ほかの家でも事情は同じだった。一九六〇年代の洗濯機や冷蔵庫はキッチンへの最初の偵察隊にすぎず、タンブル乾燥機や皿洗い機、やがてはパン焼き機やフォンデュセットといったこんにちの一大軍団の先触れとなった。ジョン・カーボンが生家を離れる一九八〇年代末には、アメリカの多くの家と同じく、エアコンや電子レンジ、冷蔵庫二台にテレビ三台を備えるようになっていた。家中に小さな赤い光が住み着いたが、待機中であることを示すその光は、侵入したこれらの電気製品が電気を一キロワット時また一キロワット時と絶えずむさぼっているしるしだった。

この頃になると、カーボンおばあちゃん夫婦は車ではるかに遠くまで出かけ、休暇にはジェット機でメキシコに飛び、珍しい食品もたくさん買うようになっていた。かつてはガラガラでこだまが響くようだったゴミ容器も、すぐに満杯になった。

一九六〇年代の後半、幼いジョン・カーボンが母親の注意深い監視の目を盗んで玄関のドアから外の静かな小道に初めて抜け出した頃、車を見るのはまだわくわくする一大事件だった。国中で、車の所有者は七〇〇〇万人――こんにちアメリカの路上に二億台の車がいるのに比べれば、選ばれた一部の人々だったことがわかる。

カーボン家の外、一九五〇年代のあの埃っぽい小道にピントを合わせて、低速度撮影のカメラを設置したところを想像してもらいたい。最初のショットはピンクの頬のカーボンおばあちゃんとその夫が、来たるべき結婚生活の夢に胸を膨らませながら私道に車を乗り入れるところである。では、過ぎ去った年月を高速で見てみよう。最初の頃、道にはたまに車がぱっと現れるだけだ。それから路面が泥からアスファルトになり、車の影も密度と速度を増す。一九八〇年代になる頃には道路上の車はぼやけて一続きになる。道幅も広がっていて、車の轟音がいっそう増していく。かつては自転車で走る小道で、水たまりは紙の船を浮かべる海になったものだったが、いまでは「小道」の近くで遊ぶことさえ、絶対だめ。ぼやけた車の帯が夜になっても続いている。

*　*　*

もしこの低速度撮影カメラを空に向けたなら、それと知らないうちに起こった同じような変化を見ることになるだろう。最初は澄んだ青いまっさらのカンバスだった。アラバマの上に広がる空に見えるのは日にほんの一握りの飛行機だったし、戦争の前はジェット機など存在しなかった。その後、年月がたち、空の旅行がブームになるにつれ、空を横切る航跡はどんどん増えていった。カメラの速度を上げると、まるで三歳児にチョーク一箱をあずけて好きなように描かせたようなありさまになる。一九五〇年代以降、飛行機旅行は驚異的な速度で成長した。いまではアメリカだけで一万九〇〇〇か所の空港があり、全空港を合わせて年間九〇〇万便が出発し、五億人を超える乗客に、何度も繰り返す機内映画と真空パックされた「マスのクリームソースがけ」を押しつけている。

カーボン家行きつけのバーミンガム空港は、あのジョン・F・ケネディ国際空港には比ぶべくもないものの、それでもなかなかのものである。一九三一年に最初の旅客機が到着したときには新聞の大見出しになった。一九八〇年代半ばには一日に四〇便ほどの出発があった。その後運賃が引き下げられ、仕事でも遊びでも飛行機を使うのがあたりまえとなる。二〇〇〇年には、バーミンガム空港は毎日八〇便以上をアラバマの空に送り出していた。この種の航空交通の成長が世界中で何度も繰り返され、いまでは毎年一〇億人をはるかに超える乗客が、世界の航空路を勢いよく飛び回っている（図14）。

あなたが知っている最も静かな場所、いちばん近い道路さえはるかかなたになるような場所、自然がまだ完全な支配権を握っているように思われ、その完璧な野生のたたずまいに思わず背筋がぞくっとするような場所、そんな場所に行ってみよう。そして、空を見上げてみよう。たぶん、自分がひとりぼっちではないことを発見するだろう。空のはるかな高みに、ビジネス客や観光客、それとも手結びのチャイブを満載したジェット機がいて、長く尾を引く白い蒸気の筋で航跡を描きながら、出漁期の最終日であるかのように、温室効果ガスの網を広げていることだろう。

いまこの瞬間にもいかに多くの飛行機が上空を通過しているか、それを実感させてくれるのが、二〇〇一年九月一一日のテロ攻撃の際の衛星画像である（図15）。ふだんアメリカ上空を縦横に

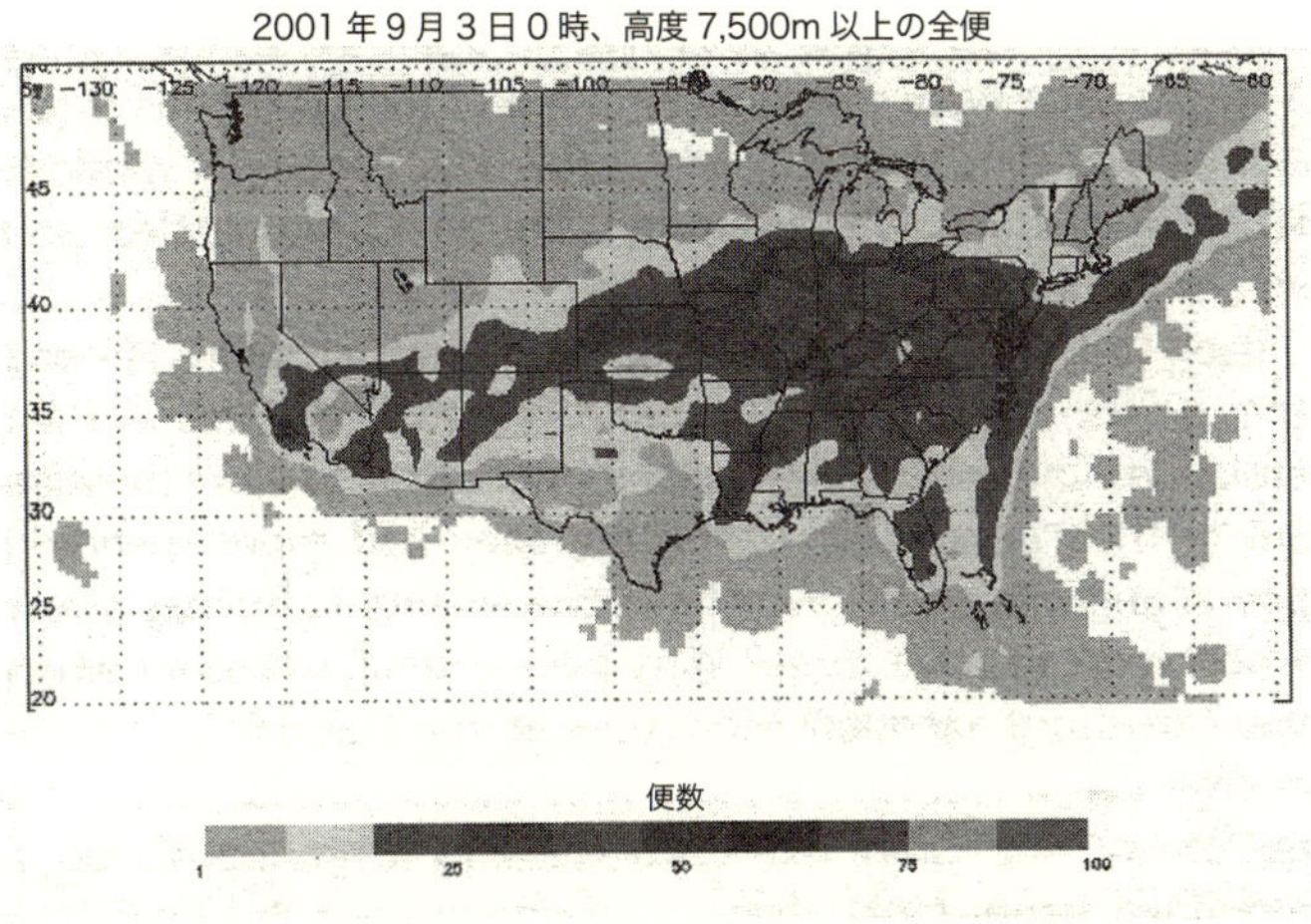

図14　米国上空の飛行便数、2001年9月3日（米国NASAラングレー雲と放射グループ、パトリック・ミンニス）

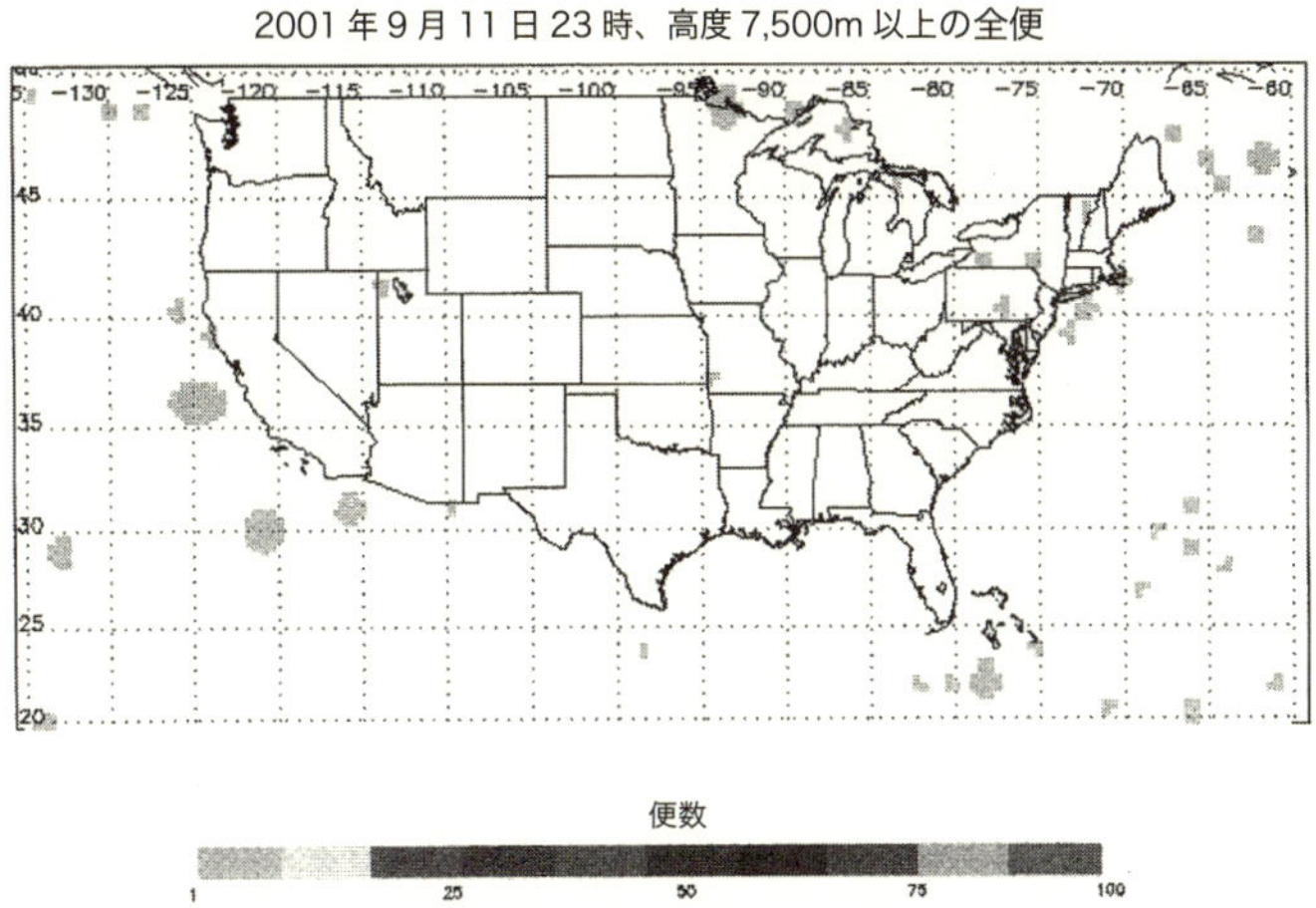

図15　米国上空の飛行便数、2001年9月11日（米国NASAラングレー雲と放射グループ、パトリック・ミンニス）

飛び交っている何千機というジェット機が姿を消し、突然空がからっぽになったのだ。短い時間ではあったが、あらゆる航空機が着陸して、空は澄み渡り、重苦しい静けさに包まれたのだった。

カーボンおばあちゃんの一生が気候に及ぼした影響と一九九〇年代に、話を戻そう。夫婦は一九九二年に引退し、彼らの排出はようやく落ち始めた。もう通勤の必要がないので、車の年間の走行距離は減った。しかしふたりにはまだまだ使うべき体力と時間があった。ジェット機での旅行が年に三回できるのに一回しかしないなんて、どこにそんな話がある？ ジャガーが買えるのになんで小型車でがまんする必要がある？ 家にいる時間が増えるということは家で使うエネルギーが増えるということでもあった。全体として、カーボンおばあちゃんとおじいちゃんの引退生活中の温室効果ガス排出は、まだまだ高い水準を維持していた。排出がほんとうに減り始めたのはおじいちゃんが死んでからだった。カーボンおばあちゃんはガソリンをがぶ飲みする車とすきま風だらけの家を、すばしこい小型車と断熱性にすぐれた高齢者向けのアパートに取り替えたのだ。

カーボンおばあちゃんにとって、人生はほぼ完璧といえた。七〇年を超える人生——その大部分はとてもしあわせに、そのすべては急速に変化する世界のなかで過ぎた人生——のあとで、最後にひとつ、おばあちゃんの気候遺産につけ加えられるものがある（しかもとても大きなものになる可能性がある）。

＊　＊　＊

カーボン家は喪中である。一昨日の晩に電話が鳴り、柔らかな口調の救急病棟看護婦が、カーボンおばあちゃんが脳卒中を起こして病院に運ばれたと告げた。救急隊員はあらゆる手を尽くしてくれたが、おばあちゃんは病院到着時に死亡を宣告されたという。最初のショックのあと、カーボン一家はしだいにおばあちゃんの死を受け入れ、葬儀の手配のほうに気持ちを向け始める。すでにジョンは地元の葬儀屋のひとつに連絡を取り、友人や親戚からの電話でしょっちゅう中断されながら、葬式と埋葬について相談していた。

カーボンおばあちゃんは特にどのタイプの葬儀を望むか、口にしたことはなかった。ただ、大げさなことだけはしてほしくないといつも言っていた。結局、家族は伝統的な見送り方を選ぶことにして、いわゆる「プレジデンシャル」オプションの手配をする。すべて込みのパックには式場への近親者の送迎用のリムジン三台、棺のかつぎ手四人、最高級棺、スチール裏張りの五〇年錆なし保証つきコンクリート製埋葬室が含まれる。

このスチール装甲の最後の見送りは、おばあちゃんの魂を待ち受ける空に、温室効果ガスの最後の大きな排出、人生の気候遺産の最後の何キログラムかを送り出す。

誰にも死が訪れることを思えば、気候に留意した葬送方式を選ぶことは、わたしたちにとって緑の遺産を確実に残せるひとつの方法である。葬送は後に残された者たちに残す気候をよくも悪くもできる、わたしたちひとりひとりに与えられた最後のチャンスなのだ。葬送は気候にとってそれほど大きな問題には見えないかもしれないが、ベルベットのカーテンに閉ざされた葬儀屋の世界に足を踏み入れ、使われる大量の材料とエネルギーをまのあたりにすれば、この最後の選択がどれほど重要なものとなりうるかがよくわかる。

古代エジプトのファラオたちが眠る「王家の谷」も、わたしたちが毎年埋葬している材料の莫大な量の前には、何ほどのものでもない。アメリカだけでも一五〇万トン以上のコンクリートと一万四〇〇〇トンのスチールが埋葬室に投入される。さらに九万トンのスチールが、三〇〇〇トン近くの銅やブロンズとともに棺に使われる。物に姿を変えたエネルギーを憶えているだろうか？ アメリカでの埋葬は毎年一五〇万トン以上の温室効果ガスを発生させている。およそ二〇万台の大型車の排出に匹敵する量だ。これがすべて、アメリカで毎年埋葬に使われる死体防腐液（年に三二〇万リットル）と硬材（二七〇万平方メートル）による環境破壊に上乗せされる。

成功の度合いが乗り回す車の大きさと値段でしばしば判断される世界では、死出の旅にもロールスロイスを要求する人がますます増えることは避けられない。その点、棺メーカーがわたしたちを失望させることはない。ほとんどの人がいつかは、愛する人にふさわしい葬送をしてやれる方法を事細かに記したパンフレットに向かい合うことになる。そこには細かい字で、それがどのようにしてわたしたちを破産させるかも書いてある。「ザ・ステイツマン」とか「エクセルシオール」とかいう名前の箱を説明する美しいグラビアが何頁にもわたって続き、真鍮メッキがどれほど厚いか、絹の内装にはどんな花が刺繍してあるか、気密および防水密封が標準装備されているかどうかといった宣伝文句が並んでいる。

ひとつここは気前よく金を使おう。「家族はわたしのことをとても大事に思ってくれて、葬儀費用を払うために家を再び抵当に入れてくれた」と共同墓地のお仲間全員に自慢してもらえるようなものが何かあるだろうか？「〝サルタン〟はいかがでしょう？六〇〇〇ドルこっきりのお買い得、しっかりしたブロンズ製の棺はクラッシュ加工のベルベットで内張りされ、錆や水や空気の浸入に対する五〇年保証つき、おまけに〝ケンブリッジ〟埋葬室のご優待券つきでございます。埋葬室ですか？〝ケンブリッジ〟はほんものの品質と心の安らぎを提供いたします。なにしろマグニチュード五・四までの地震にも耐えられ、スチール補強のコンクリート構造で、重量は一トン以上、ネームプレートと防水機能もついております。内部は分厚いブロンズの内張りで、〝サルタン〟の艶出し加工のブロンズを美しく引き立たせること請け合い、すべて込みできっかり一万ドルでいかがでしょう」

で、気候負荷の値札のほうはというと、一トンを超える温室効果ガスとなる。

もしほんとうに「安らかに眠る」ことを望むなら、比較検討すべきことが山のようにある。標準的な方法はどちらも——火葬も伝統的な土葬も——気候の点からいうと、いいところと悪いところがある。天然ガスを使う火葬はひとりあたり約八〇リットルのガスを使い、重油の場合は約一二〇リットル使うので（この章のためのリサーチは愉快な仕事とはいえなかった）、排出はそれぞれおよそ一二〇キログラムと三〇〇キログラムに相当する。これに死体自体の燃焼から生じる排出が加わる。その量は比較的少量で、ひとりあたり一二〇キログラム前後の温室効果ガスとなる。総計で、あなたの遺体を火葬にしてもらうと約〇・五トンの温室効果ガスを出すことになりそうだ。すばらしいとは言いがたいが、それでも「装飾過剰の」土葬よりはましである。しかし火葬には大気汚染のもとになるという大きな欠点がある。火葬場から出る水銀やダイオキシンには、いまではほとんどの国できびしい規制がある。

そのいっぽう、土葬には大気汚染の問題はなく、もし、凝った棺や埋葬室に形を変えたエネルギーを回避できれば、気候にやさしい選択肢となりうる。いまでは「緑の」埋葬が葬送のかなりのパーセンテージを占め、しだいに増える傾向にある。これは環境への総合的なダメージを少なくすることをめざすもので、空気、水、土壌への影響をすべて考慮している。代替棺としては生分解可能な遺体袋、段ボールまたは竹製の棺、再生可能な林業による木製の棺などが選べる。このような土葬は密封された埋葬室という前提を根底からくつがえす。棺を分厚いコンクリート製の埋葬室に葬って土壌に基づく分解をすべて、何世代にもわたって防ぐのではなく、緑の埋葬では棺も遺体も土中でそのまま自然に分解するように考案されている。

カーボンおばあちゃんの一生は排出が急速に増加した一生だった。第二次大戦の過酷な年月に続いて先進国のいたるところで起こった、生活水準とエネルギー使用の向上の結果である。生前と死に際しての排出は総量で八〇〇トン近くになる。これはおばあちゃんの息子が気候にプレゼントしたエベレストに比べれば小高い丘程度である。息子が生まれたのは、移動や家庭、食品、ゴミからの温室効果ガス排出がすでに高い水準にあり、さらに高く登ろうとしている世界だった。

＊　＊　＊

ジョン・カーボンはすでに、自分と同じ年齢のときの両親の三倍もの排出量を蓄積している。生まれたての彼の娘はどうだろう？　彼女の一生の排出は父親をさらに上回るのだろうか？　実はカーボン夫妻はすでにルーシーの寄与を減らす手助けをしている。ベビーフードの多くを家庭菜園でまかなっていることから、外出の際には以前持っていたばかでかいミニバンではなく小型車を使っていることまで、ルーシーに関わる温室効果ガス排出は少なくともいくぶんかは削減されている。将来直面するだろうティーンエイジャー特有の不平不満の大爆発の熱気さえ、カーボン夫妻は有効利用しようとするかもしれない。

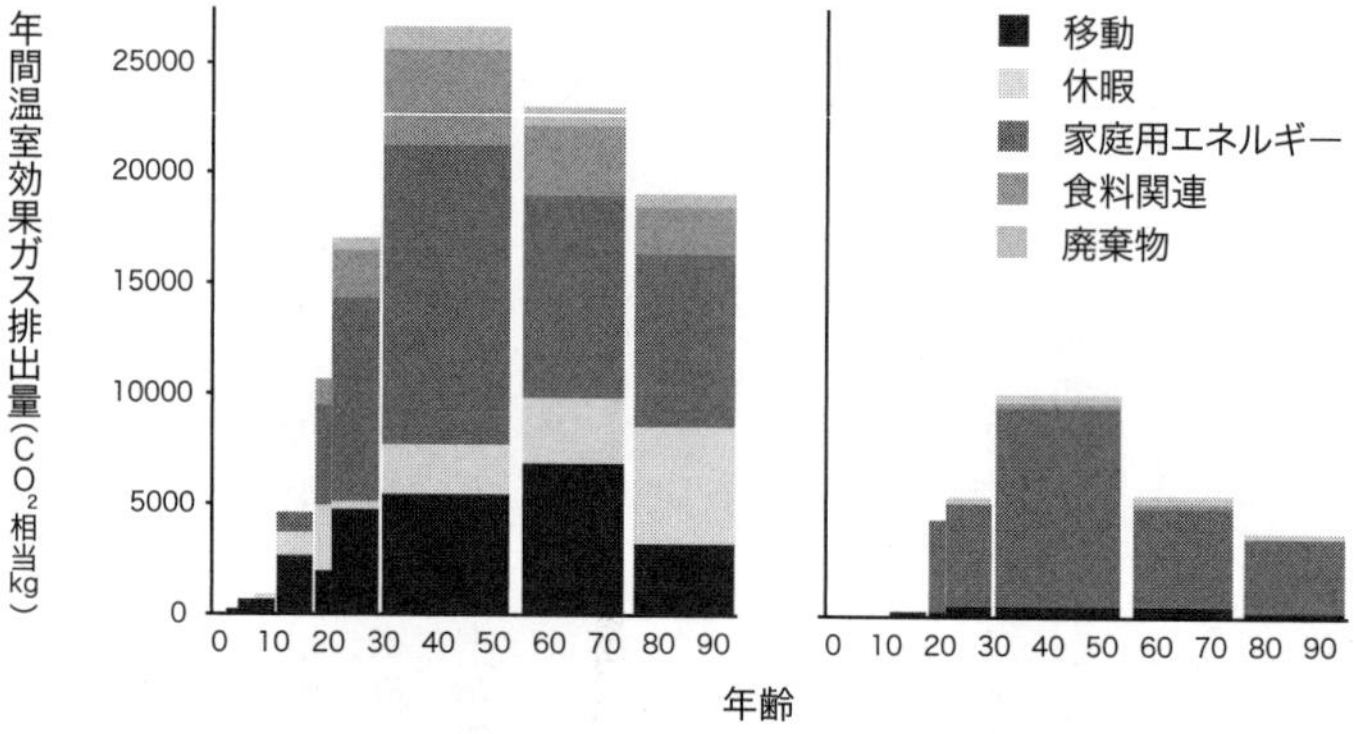

図16　気候を無視するルーシー（左）と気候を意識するルーシー（右）の生涯にわたる排出量

気候を意識する態度を、ルーシーがおとなになってからの生活に採り入れたらどうなるだろう？　低排出生活に徹して、小型車を運転し、家でのエネルギーの無駄使いを避け、地場産の食料を買い、というような行動をとったとしたら？　苦行僧気取りの行動ではなく――堆肥化トイレの使用でもなく、もつれた髪で丘の上で踊るヒッピーまがいの暮らしでもなく――単に毎日の生活にしっくりなじむ選択肢を積み重ねたとしたら、その総決算はどうなるだろうか？

ここでもうひとつ、こんどは棒グラフを作らせていただきたい。円グラフだけでは我が内なる科学者魂は満足しないようなので（図16）。気候を意識するルーシーと気候を無視するルーシーを比べてみてほしい。ふたりのアラバマの少女はどんなふうに排出を蓄積させていくだろうか。世界に残していく気候への打撃に、一生を通じてどのような違いが出るだろうか。では、わたしたち誰もが向かっているかもしれない場所を覗いてみることにしよう。

表面上はまったく同じルーシー・カーボンがふたりいる。ひとりは、ますます気候にやさしい生活を心がけているカーボン家に生まれた、気候を意識するルーシー、もうひとりは気候を無視するルーシーである。あとのほうのルーシーが育ったカーボン家では、ジョンが自分の大きな車に恥ずかしさを覚えることはなく、リサイクルなんてものは左がかった隣人たちのすることと決まっていて、ケイトの庭があるはずの場所はコンクリートと雑草のだだっ広い区画にすぎない。さてここで、気候変動を撃退する魔法の弾丸は現れておらず、化石燃料が、ちょうどわたしたちの生活を支配しているように、ふたりのルーシーの生活も支配し続けるものとしよう。

気候を無視するカーボン家では、赤ん坊のルーシーの上にすでにいろいろな状況が積み重なっている。家を離れるまでは、ルーシーの排出の多くは両親の決定しだいである。この世に現れる前でさえ、この真っ赤な顔の怒りっぽいルーシーはすでに自分のために大量の重要な選択をしてもらっていた。内装を一新した赤ん坊のベッドルームには、ＦＢＩさえ恥じ入りそうなほどの電子監視装置が詰め込まれている。片方の壁際に積み上げられた箱には、電池式のアクティビティセンターや人形、歌うクマなどの大軍団が入っている。ベビー靴一足、布絵本一冊さえ、お下がりのものはない。何もかもまっさらの新品で、この品物すべてにつぎこまれたエネルギーのペナルティがそっくりそのまま、何も知らないミス・カーボンの小さな肩にずしりとかかる。これはほんの始まりにすぎない。

ふたりのルーシーが一歳半になると、保育園への送り迎えが始まる。気候を意識するカーボン家が自転車での送り迎えを選んだのに対して、無視するカーボン家では、この短距離にも四輪駆動車を使い、二〇〇キログラムの温室効果ガスを毎年よけいに発生させる。年月が経ち、ショッピングモールに「新学期」という文字がまた躍る頃になると、ジョージにヘンリー、そして今度はルーシーにとっても、夏の日々は終わりに近づき、新しい靴を買う時期となる。小学校に入ると、通学用にスクールバスか自家用車のいずれかを選ぶことになる。気候を無視するカーボン家はルーシーの送り迎えに「安全な」ガソリンがぶ飲み車を使うことにこだわり、すでに膨れ上がったルーシーの排出にさらに毎年七〇〇キログラムつけ加える。気候を意識するルーシーはバスを使う。

休暇は？　何トンもの排出にもまったく良心のとがめを感じない両親のもとで育った気候無視ルーシーにとっては、ジェット機での休暇旅行があたりまえである。最初の幾年かは耳をつんざくような泣き声や特別席でのあわただしい授乳、それに高度九五〇〇メートルでの噴出性嘔吐という遺憾なできごともあったものの、空の旅は続行された。一〇歳にもならないうちに、このルーシーはすでにジェット機で八万キロを飛び、一二トンの温室効果ガスを出していた。いっぽう気候を意識するカーボン家では近場で休暇を過ごしてジェット機旅行でのストレスと排出を避け、その結果ふたりのルーシーの排出には大きな隔たりが生まれていた。

小学校も高学年になるにつれ、ルーシーたちは初めて自分の温室効果ガス排出の一部に直接の責任を持つようになる。これまでは気候無視ルーシーも、自分の大量の排出を責められれば、両手を空中に差し上げてこれ見よがしにどすどすと部屋を歩き回り、その不当さを正当に憤慨することができた。排出に関する彼女の選択は最小限か、ゼロだったからである。けれどもこれからは、学年が上がるにつれ、彼女自身の選択が気候に影響を与え始める。気候を無視する家族の選択を反映する選択ではあるが。

わたしたちはとても予測しやすい生きものである。ティーンエイジャーの頃には突然の反抗心に襲われることもあるものの、結局は親たちと同じ政党に票を入れ、同じような食生活をし、似たような話し方をするようになる。生い立ちがおとなになってからの態度や行動に及ぼす影響はとても強力なので、気候犯的カーボン家のルーシーが両親や兄たちの示した手本にすでに従い始めていたとしても、驚くにはあたらない。これはまず、テレビやビデオ、ゲーム機をいつもつけっぱなしにしておくという形で現れる。このよけいなエネルギーは毎年一二〇キログラムのよけいな温室効果ガスをつけ足す。

高校生になり青年期に入った気候無視ルーシーは、今度は家の暖房をサウナすれすれの温度にまで上げたがる。これを計算すれば、気候を無視するカーボン家のエネルギー使用を彼女が押し上げる分は、いまや毎年一トンのよけいな温室効果ガス排出に匹敵する。

ふたりのルーシーはまたたくまに波乱万丈の高校生活を駆け抜ける。ビーンバッグチェアを車に押し込み、最後に犬をギュッと抱きしめて、カレッジめざして出発するときが来た。ルーシーたちにとって、ニューヨーク州でのカレッジ生活がいよいよ始まる。

家族の住む家を離れたふたりは、いまや自分の個人的な温室効果ガス排出にはるかに多くの責任を持つようになる。最初のそして最も重要な決定のひとつは移動の形態をどうするかである。気候を意識するルーシーは自転車と公共交通機関を選ぶのに対して、気候を無視するルーシーはスポーティーな黒のSUVを選ぶ。こうして、毎年、排出の差はさらに六トンずつ広がっていく。学生寮の部屋では、壁をポスターで覆い、フロア全体がアロマテラピーショップのような匂いになるほど香(こう)をくゆらせたとしても、気候変動に関わる選択は限られている。それでも、コンピュータをスリープモードに設定し、ベッドルームの電球ふたつを省エネタイプのものに取り替えることで、気候を意識するルーシーは年間の排出量をさらに〇・五トンそぎ落とす。

カレッジでの日々は飛ぶように過ぎる。最終試験に無事通り、卒業記念のダンスパーティーは気恥ずかしい一組の写真として保存され、あとは、同窓生の誰かが大統領選に出馬するとか、狙撃用ライフルを手に時計台にいるのを見つかるとかいう事態が起こったときにのみ、埃を払ってしげしげとあらためられるだけになる。学業を終えたふたりはともに、初めての仕事と住まいを探す責任を担う。いまやふたりは、地球温暖化に対する自分の寄与に直接の責任を持つ身分となったのだ。

わたしたちは事態がどれほど悪くなりうるかを見てきた。給料が上がるにつれ、もっと大きな車を買い、もっとジェット機での休暇旅行に出かけ、家の内外の電気製品の軍団が成長するにつれますます多くのエネルギーをむさぼるようになるのである。同時にわたしたちは、必ずしもそうなる必要はないことも見てきた。気候を意識するルーシーは、無視するルーシーと同じ生活水準を維持することが可能だ。十分に食べ、冬は暖かく夏は涼しくしていられるし、快適に旅行することもできる。しかも気候に対する影響はほんのわずかなうえ、ボウルに一杯のミューズリー〔シリアルの一種。主にオートミールをベースに複数の穀物をブレンドし、ドライフルーツ、ナッツ等を混ぜたもの〕でがまんするような生活などする必要はない。

気候を意識する成人したルーシーはとても小さな車を持ち、低フードマイルの食品を食べ、効率のいいボイラーを使っている。ゴミはリサイクルのために分別し、飛行機旅行は避け、待機電力には天罰を下す。わたしたちのライフスタイルのなかで、気候に影響を及ぼす鍵となる側面、つまり旅行、家、食料、裏庭において、彼女は排出を減らすことについて考え、そうすることを選ぶことで、実際に排出を削減した。あらゆる方面で、彼女は「魔法の」六〇パーセント削減を達成し、さらにそれを超える。一生を通じての積算効果？——莫大である。

記念のことばを彫りこんだ旅行用時計が贈呈され、泡立つスコットランド産シャルドネのプラスチックコップが回される頃には、ふたりのルーシーの排出氷河の差は歴然たるものになっている。六五歳のふたりには、排出を完全にコントロールできる四〇年近い年月があった。その一年ごとに、気候無視ルーシーのよけいな排出分が積み重なってきた。二五年というかなり長い引退生活ののち、ふたりのルーシーは死に、埋葬される。ひとりはキャラコの袋、ひとりはこれ見よがしの消費の完全な証拠である完全密封棺での埋葬である。

気候を意識するルーシーの、生涯を総合した影響、気候を意識しながら先進国で暮らした九〇年の総決算は、五九五トンの温室効果ガスである。気候無視のルーシーのほうは、一八〇〇トンという驚くべき数字となる。

このふたりの女性が二〇九〇年に何を見ることになるのか、わたしたちはただ想像するしかない。その頃には、この惑星はかなり暖かくなっていて、その影響も激しくなっている可能性がある。どれくらい暖かくなり、その影響がどれほど深刻なものとなるかは、それぞれのタイプのルーシーがどれくらいいるかで決まる。

もし、わたしたちが実際に今後九〇年の決算をとることができるとしたら、ほんもののグラフはおそらくさらに大きな隔たりを示すことだろう。わたしは先に、人間は現状維持の生きものだと想定した。つまりおとなになった気候無視ルーシーは家でも両親と同じ割合でエネルギーを使い、運転する距離も飛ぶ距離も両親と同じになるとした。実際には、二〇二五年についての予測では、家庭でのエネルギー使用、食料、廃棄物、そしてほんとうに大きな原因である移動などからの平均温室効果ガス排出が大幅に上昇しているだろうという。アメリカの家庭でのエネルギー使用による排出は今後二〇年で二五パーセント以上も増えると予想され、いっぽう路上でも現在と比べて五〇パーセントもよけいに吐き出しているだろう――毎年一〇億トン以上も多いことになる。したがって気候を無視するルーシーの場合、実情はもっと悪くなる可能性がある。誰にとっても、ブロンズの内張りをした墓所をあきらめさせるに十分な数字である。それとも、早いところそこに入ってしまいたくなるだろうか。

＊　＊　＊

ここまでの章に出てきた排出削減戦略のいくつかをまとめて、ルーシー・カーボンがしたように、わたしたちの生活に組み入れよう。そうすれば六〇パーセント削減という目標に単に命中させるだけでなく、粉々にできる。六〇パーセント削減がわたしたちひとりひとりにとってほんとうに実現可能だということ――わたしたちがいますぐできることであり、しかも文明という柱がわたしたちのまわりに崩れ落ちるような事態なしにできるということ――は、すばらしいチャンスを意味する。壊滅的な気候変動を避けたいなら、そのような削減こそ、わたしたちに必要なものなのだ。

いまの政治家にとって夢のまた夢でしかないこの六〇パーセント削減が達成できるということは、ひとりひとりが行動を起こせば、何百トンという温室効果ガスが大気中に出ないようにできることを意味する。これを家族全体、友人、隣近所、同僚の誰彼に広げよう。そうすれば、そのような変化が現実にいかに世界を変えうるかを、その目で見ることができる。

それはあなたとわたしから始まる。家庭で、商店で、庭で、仕事場への途上で、始まる。そこで止める必要はない。家庭生活と個人の移動がともに世界全体の排出に大きな役割を演じているとはいえ、わたしたちには、気候変動に対する新たな意識を生活の最も個人的な側面を超えて広める力がある。職場にも広めることができるのだ。

くず紙をどうするかということから、ジョン・カーボンの新しいSUVにお祝いを言うかどうかまで、選択すべき多くのことがらがある。わたしたちの生活のこの大きな部分は、温室効果ガス排出を急増させることも激減させることもできる、実に多くの道を提供してくれるのである。

というわけで、さっそくとりかかろう。高層のまばゆい企業ビル群へ、オープンプランのオフィス、再生紙でない大量の文書が詰め込まれたゴミ箱、昼も夜もつけっぱなしの照明へと、行動を広げよう。気候を意識することの効果がどれほど遠くへ及びうるかを見てみよう。上司からの一枚のメモが、エネルギーを無駄使いしている何十人もの社員の気持ちをどれほど引き締めるか、オフィスの照明を消すことを思い出したたったひとりの人間が、どれほどわたしたちの未来を変えるかを見てみよう。

第8章　灯りを消す

気候への懸念というのは、会社のウォータークーラーのまわりではあまり持ち出されない話題である。夜や週末向きの少々世間体の悪い趣味というわけだ。しかし、気候変動と闘うことは、浮世離れした人々のうさんくさい活動ではない。

職場でのエネルギーの無駄使いと温室効果ガス排出の削減には、喫煙のたとえがぴったりだと思う。あなたはやっと認める――喫煙（この場合は温室効果ガス排出）は自分にもよくないし、家族にもよくない。誰にとってもいいことではない。あなたはライフスタイルを変え、習慣を変える。いわば麻薬の常用をやめるわけだ。自分の賢明な行動に気をよくしたあなたは、ほかの人にも勧めたいと思う。ここで、最後の試練がやってくる。つまり職場復帰である。午前一〇時一五分きっかり、いつものタバコ休憩の時間だ。チョコレートバーやストレス発散ボール、家族の写真などが取り出される。しばらくすると、煙の匂いがあなたの鼻孔に届き、胃袋をでんぐり返らせる（解毒が完全に成功していればの話だが）。非喫煙者と同じビルで喫煙してその煙を吸わせ、致命的な影響を受けるリスクにさらすなんて、いったいどうしてそんなことが許されているのだろうか。あなたは苦情を申し立てる。もしあなたが上司なら、即刻禁止にする。もしそうでないなら、組合に禁止してもらう。

同じように、もしあなたや家族が家で省エネ電球を使ってエネルギーの節約をし、温室効果ガスを削減しているなら、どうしてオフィスを映画『恐怖の砂』（一九五八年）の砂漠のセットよろしく、まぶしく照らしておいていいのだろうか？ 家では、冬はセーターを着、夏は窓を開けているのに、どうしてオフィスでは真冬の厳寒期でもTシャツで過ごせるような温度が許され、真夏でも冷蔵庫の中にいるように感じてもいいのだろうか？ よくはない。気候を意識する従業員や上司として、あるいは顧客として、職場でのエネルギーの無駄に立ち向かうことによって、あなたは気候変動緩和に向けた取り組みの効果を何倍にも増幅できる。確かに、常に気候を意識していることによって、わたしたちは家庭でも大きな違いをもたらすことができる。しかしその意識を職場に持ち込むこともできるし、買い物に持って行くこともできる。なかでもいちばん重要なのは、投票ブースに足を踏み入れるときである。

毎晩仕事から帰る途中、煌々（こうこう）と灯りのともった無数のオフィスの窓を通り過ぎる。あれは大量のエネルギーの使用と浪費のしるしにほかならない。どんなに夜遅くなろうと、それらの窓は同じように明るく輝いている——そして恥じ入っている。もしあなたがあういうオフィスで働いたことがあるなら、そこがどんなに過剰暖房、過剰照明の、ブンブン唸るコンピュータの巣窟であるか、知っているはずだ。一介の保険事務員として一時間いくらで雇われ、常に現金ほしさでがんじがらめになっていたわたしは、よく朝の七時前にバイクで駐車場にバタバタと入っていったものだった。

通りの車の往来は一時間あとの轟音に比べればまだ低いつぶやき程度で、フロントの夜警は勤務についてから八杯目の、そしてこれが最後のコーヒーを一気に飲み干している。大きな二重ドアを通ってロビーに入ると、思わずへなへなとなるほどの熱気（特にレザーのバイクスーツを着ていると）と、まるで変電所のようなブーンという音にいきなり包まれる。

オープンプランのオフィスに上がっていくと、いつも同じ光景が待っていた。すべての照明がともり、コンピュータはぶつぶつとひとりごとを言い、自動販売機は声を揃えてハミングしている。部屋を見回すと、デスクに置かれた滑稽な顔のぬいぐるみ人形やコンピュータ上の名札、オフィスの去年のクリスマスパーティーの写真といった見慣れたものが並んでいる。まるであの幽霊船マリー・セレスト号か何かのように、人影がないにもかかわらずコピー機はまたシステムチェックを一通り実行し、ドリンクマシンはコーヒーを温めたり、レモネードの大桶を冷やしたりしている。ここでも、欠けているのは人々の姿だけだった。外から見たら、ビルのなかでは熱気にあふれた活動が展開されていると思ったことだろう。どのフロアのどの窓も、あかあかと輝いていた。

もちろん、わたしがどれほど早く行こうと、必ず誰か、先に来ている人がいた。世界中のオフィスにいるそういう人たち――わたしの場合はロス・アセスメント社のくぼみ目のガレス――は、常に夜はいちばん遅く退社し、朝はいちばん早く出社する。それともガレスは家に帰ったことなんてなかったのだろうか。

ノーム工場から学校まで、肉屋からろうそく製造業まで、事業活動が先進国の温室効果ガス排出の四〇パーセント前後を占める。これにわたしたち自身の住まいや移動による排出を加えれば、先進国の温室効果ガス排出の大半が、目の前に姿を現す。

あなたの職場はどれくらいの温室効果ガスを出しているのだろうか。わずか三〇センチ四方――あなたのゴミ入れが占領している面積くらい――あたりの排出が、大きな量になる場合もある。「職場での排出」連盟のいちばん下に来るのが倉庫である。倉庫があなたの職場だとすると、三〇センチ四方あたり、平均して年に四キログラムの温室効果ガスが排出される。その大半は倉庫内の貯蔵品の冷蔵と、そうは感じられないかもしれないが、あなたと仕事仲間のための暖房によるものである。三〇センチ四方あたり数キログラムの温室効果ガスというのは、それほど多いようには聞こえないし、実際ほかの仕事場に比べれば多くはない。しかし三〇センチ四方あたり四キログラムということは、平均的な大きさの倉庫、たとえば一四〇〇平方メートルだと、年に六〇トンの温室効果ガスとなる。

次が学校である。教室やホールの暖房に冷房に照明、それにあのすてきな学校給食を用意するために使われる燃料などで、温室効果ガス排出は三〇センチ四方あたり五・五キログラムになる。ほとんどの食堂には砂糖と合成着色料でずしりと重い自動販売機が居座っているが、これも大きな役割を演じていて、何十人もの子供たちを活動亢進状態に落とし入れている責任はもちろん、それぞれが年に二トン前後の温室効果ガスに責任がある。

ここらでちょっと、気晴らしの買い物にショッピングモールにでも出かけよう。足を踏み入れたあなたをエアコンから吹き出す風が迎え、洋服のラックの上にはギラギラと照りつけるスポットライトが並ぶ。商店につきもののそういったふんだんなエネルギー使用によって、小売部門は地球温暖化の階段をもうひとつ登る。照明関連の排出が全体の四分の一以上を占め、暖房と冷房がそれに次ぐ。三〇センチ四方につき、商店は年に九キログラム以上の温室効果ガスを排出する。ということは、この乾いた暑さと商業ラジオの世界に置かれた、どこかの低賃金長時間労働工場で縫われた上着の陳列ラックひとつにつき、年に一〇〇キログラムを優に超えることになる。

階段をもうひとつ登るとオフィスが来る（図17参照）。この大きなオープンプランのスペースを照らしたり、暖めたり、冷やしたりするにもやはり電力を大量に使うが、ほんとうに使用量を押し上げているのは例のパソコンやコピー機、自動販売機などである。オフィスのゴミ入れの下のあの三〇センチ四方が、年に一〇キログラムの温室効果ガスを排出している。オフィスデスクは、

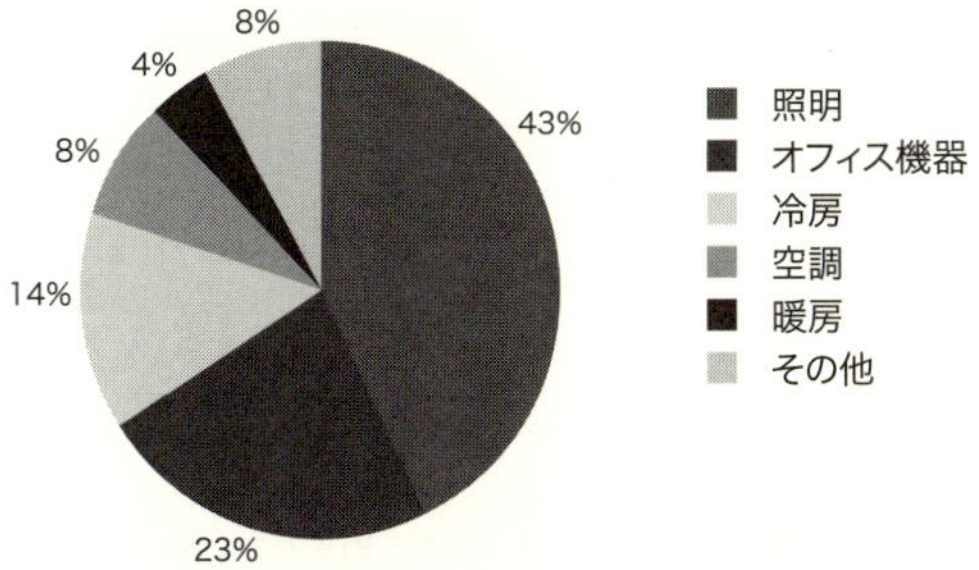

図17　平均的なオフィスの電気使用量

ベタベタ貼られたはがれ落ちやすいメモとともに、年に一〇〇キログラム以上の温室効果ガスを排出している。たとえばあなたがオープンプランのオフィスで、ほかの一九人とデスクについているとする。全員が漫画の『ディルバート』スタイルのついたての陰に押し込まれ、互いの電話に出てしゃべったり、酒場のヨタ話を交換したりしているわけだ。標準的なオフィスのフロア、たとえば九〇〇平方メートルのフロアからの排出は総計で年に一〇〇トンなので、あなたと同僚のそれぞれにつき五トン以上ということになる。これはめいめいが毎日車一台ではなく二台運転して通勤しているのに等しい。

　次の職場、つまり私自身の職場だが、少しはましであればいいと思っていた。しかし大学の事務局も階段教室も、ほとんどのオフィスと同じ二四時間の照明や暖房、電気製品の浪費に苦

しめられる傾向があることから、三〇センチ四方あたりの年ごとの排出、いうなればあらゆる階段教室の座席ひとつごとの気候への打撃は、遺憾ながら一一キログラム以上になる。これはひどい。といっても、まだ職場に関わる温暖化連盟の表のなかほどまでしか来ていない。

保健所や病院で働くのはどうだろう？　暖かいのでは？　こういった場所では暖房と冷房が電気使用量の半分以上を占め、わずかの差で照明が三番目に来る。三〇センチ四方あたりでは、総排出量は毎年一四キログラム前後の温室効果ガスとなる。病院で使われるエネルギーが全部不必要だと主張するのは、もちろんばかげたことだろう。思うに、ある程度の良質な照明は手術室には絶対不可欠だ。ピーと音を立てているああいう機械は人々の命を助けるためのものだし、病気の人は暖かくしておく必要がある。そうはいうものの、気候変動のもたらす熱波や流行病、暴風雨被害などによる入院患者をますます多く抱えることになる場所として、病院はまさに地球温暖化とわたしたちの生活とが激しくぶつかり合う、そのまっただなかに投げ込まれたような格好だ。

さていよいよ、気候にほんとうに大きな打撃を与えるビジネスの番だ。次のふたつは事態をまったく新しいレベルに引き上げる。まず次席に控えるのは、正面は柔らかな照明に照らされているが、裏では嵐のようなエネルギー使用が進行中の場所、レストランである。三〇センチ四方あたりの温室効果ガスは二六キログラムを超え、二人掛けテーブルだと年に四〇〇キログラムにも達する。手結びのチャイブ一年分と同じである。しかし三〇センチ四方あたりの気候打撃連盟のトップを飾るのは、市外フードマイルの大聖堂、すなわちスーパーマーケットである。チリのブドウやカナダの湧き水を冷やしておくために必要な莫大なエネルギーのせいで、館内の暖房と冷房はあっさり三位と四位の場所に押し込まれる。このビジネス界最大のエネルギーユーザーにあっては、最もエネルギーを使うのは冷蔵で、総電力の三八パーセントを消費する。ビスケットの愛らしい箱を照らすための照明が、エネルギーの二番目に大きな漏れ口となる。総合すると、あなたの近くのスーパーは、三〇センチ四方あたり三〇キログラム以上の温室効果ガスに責任がある。スーパーの通路を一本通っただけでも、あなたのカートは年に一二トンの温室効果ガスに責任がある区域を通り過ぎることになる――大型の四輪駆動車に匹敵するほどだ。

食品とその温室効果ガス排出に関する章のための調査をしていたとき、わたしはみずから志願して娘とスーパーに出かけ、一週間分の買いだしをしがてら、ずらりと並ぶ高フードマイルの商品をチェックした。この巧妙なプランは、お菓子のある列以外を歩こうとすると娘が異議を唱えるため、思ったほどうまくはいかなかった。したがって、殴り書きした原産国名の文字はかなり乱れている。それでもなんとか、贅沢な食料雑貨のスタンドひとつ分の品物を書き留めた。このスタンドはだいたい幅二・五メートル、奥行き一メートルくらいで、棚には世界中からやってきたえり抜きの食品がプラスチックに包まれて並んでいる。タイのサヤエンドウ、南アフリカのベビーキャロット、ニュージーランドのブルーベリーというぐあいだ。しかし悲しいかな、そのどれも、ベビーキャロットをおとなの鼻に押し込むのに要する時間以上は、二歳児の関心をつなぎとめておくことができなかった。

そのときのわたしの目的は、その短い陳列棚ひとつの地球温暖化への寄与を計算することだった。手結びのチャイブや鉛のように重いブドウにまず心を奪われて、どうしたわけか見逃していたのだが、いまやわたしたちはフードマイルによる気候への悪影響だけでなく、その食品が陳列されている棚による悪影響も考慮しなければならない。

ブルーベリーやベビーキャロットなど、その棚にあるジェット族商品が毎週それぞれ二〇パックずつ購入されると仮定しよう。すると、この棚ひとつ分の温室効果ガス排出は驚くべき量に達する。まず、フードマイルによる排出が二週間で四〇トン、一年で一〇〇〇トン以上になる。これに、ポケットに入るほど小さいパックすべてを明るく照らして冷やしておくために使われるエネルギーを合わせれば、一年で、ガソリンがぶ飲みのSUV五〇台に世界一周ドライブをさせたほどの排出量になる。

*　*　*

職場での温室効果ガス排出をほんとうに削減するのは、かなり厄介な仕事に思えるかもしれない。ひとつには、あなたの同僚たちには明確な金銭上のメリットがないこと、それにもうひとつは、暖房の温度を下げてセーターを着るべきだと上司に言ったとしても、ティーンエイジャーのわが子を説得しようとしたとき同様、あっさり却下されるかもしれないということがある。しかし、家庭の場合と同じく、ほんのささいな変化を積み上げていけば、大きな成果が得られる。

では、バイク乗りだった頃のわたしが通っていた、あの過剰照明の保険会社から始めよう。オフィスには大きな照明器具が二〇個あり、それぞれ一二〇センチの蛍光灯が四本ついている。それが週に一〇〇時間、一年三六五日、ついている。さて、ガレスを闇の中に座らせるまえに、つまり夜のわたしたちのオフィスビルの呼び物である光のショーを取りやめる前に、まずこの蛍光管をもっと省エネ型のものに取り替えたらどうだろう?

もっと効率のいい照明に交換することで、オフィスで使われるエネルギーを毎年およそ三七〇〇キロワット時、減らすことができ、会社のエネルギーコストを一〇〇〇ドル節約したうえに年間温室効果ガス排出を二・三トン削減できる。これだけでもちょっとしたものだが、さらに一歩進めることもできる。いまは、仕事に必要とされるよりも三分の一以上よけいに光が出ている。そこで、オフィスを理想的な照明レベルにするのに必要なだけの省エネ照明を取りつけることにすれば、七〇〇〇キロワット時近く節約できる——年に四トン以上の温室効果ガスに匹敵する。

年中会社にいるガレスは気にいらないかもしれないが、必要のないときは灯りを消すようにしたらどうだろうか？　彼の驚くほど整理整頓の行き届いた領域は別としても、そのほかは終業時に消すようにすれば、週に一〇〇時間の照明を五〇時間に減らすことができ、エネルギー使用と温室効果ガス排出を一挙に半減できる。

照明を消すことは、職場でのエネルギー節約という難関への取り組みが実際に始まったことを意味する。自分のところに請求書がくるわけではないし、消したければほかの誰かが消せばいいというわけで、オフィスや工場の照明はつけっぱなしになりがちだ。このサイクルを断ち切ってスイッチを切る役目をわたしやあなたがするのではなく、人体感知器にまかせるという手もある。ガレスが朝のむちゃくちゃな時間にデスクの迷路を縫ってまっさきに忍び込んだ時点で灯りがつき、夜になって彼がウィンドウズのおまけゲーム、マインスイーパ完了の試みを十分堪能したとき、またひとりでに消えるわけだ。

これが学校に標準装備されるようになり、一日中、絶えずあちこちのクラスに流れ込んだり出て行ったりする人の流れに反応して、エネルギーをどんどん節約するところを想像してもらいたい。オフィスではこれによって最大五〇パーセントの削減ができ、職場のトイレでは最大七五パーセント節約できる（各自がコーヒーをどれくらい飲むかによる）。会議室や相談室（最大六五パーセント）、廊下（四〇パーセント）、洞窟のような倉庫空間（最大七五パーセント）でも、同じような大きな削減が期待できる。

照明に続いて職場でいちばんこれ見よがしにエネルギーを消費しているのが、オフィス機器である。照明と同じく、単にスイッチをオフにすることで、大きな節約効果が得られる。わたしたちが長時間見つめて過ごすあのデジタルの窓、デスクトップコンピュータが、ここでのいちばんの大物である。パソコンやそのモニターはそれこそどこにでもあるようになったため、いつもつけっぱなしで電力を垂れ流していることが、どのオフィスでもあたりまえの光景になってしまっている。世界中のオフィスで、無数のパソコンが毎晩ブーンとうなりをあげている。ファンが回り、ハードドライブがカチカチと音を立て、スクリーンでは、「マトリックスがおまえを見ている」のスクリーンセーバーがぐるぐる回っている。夜はスイッチをオフにすれば、うなりをあげなくなったパソコン一台につき、六七五キロワット時の電力が毎年節約できる。スイッチをひとつ押すだけで、四〇〇キログラムの温室効果ガスが削減できるのだ。壁ぎわのコピー機は？ その怪物も毎晩オフにしよう。そうすれば、見苦しくコピーされた人体の一部がなぜか上司の未決書類入れのなかに入っていることを防ぐのに役立つだけでなく、いかに豊満な肉体もかなわない四トンもの年間排出を削減できる。

スイッチを切る話のついでに、スクリーンセーバーについてちょっとひとこと。スクロールするメッセージやヴァーチャルの水槽、『スタートレック』のシーンなどは、作動して最初の二秒間はなかなか愉快なものだが、エネルギーの節約に関しては何もしてくれない。それどころか、あなたが昼食で席をはずしているあいだも、エネルギー消費量を下げることなく、モニターとパソコンにエネルギーをむさぼらせ続ける。

冷蔵庫のなかにはエネルギー効率のいい機種に比べてはるかに多くの温室効果ガスを吐き出すものがあるように、あなたのオフィスにあるプリンタ、あなたが自分のフロア用に注文するコピー機、すべてのデスクの上にあるコンピュータも、気候にやさしい機種とそうでない機種とがある。機能停止したオフィス機器をエネルギー優等生の機器に入れ替えるとともに、夜はスイッチを切るようにすれば、温室効果ガスの削減率は四分の三まで高まる可能性がある。パソコン一台につき〇・五トン、コピー機では五トン以上である。新しいプリンタかファクス機がほしい？レーザープリンタには手を出さないほうがいい。インクジェット式の二〇キログラムに比べ、約〇・五トンの温室効果ガスを排出する。

同じことが、オフィスのファクス機やスキャナ、プリンタについてもいえる。エネルギー効率のいい機種を選び、プリンタが「携帯電話マニュアル一〇〇頁」を吐き出していないときや、ファクス機が「究極のラード一〇〇パーセント食」の売り込みを送付中でないときは、パワーを落としてエネルギーの無駄を省き、排出を最大五〇パーセント削減しよう。

平均的な自動販売機は年に約二トンの温室効果ガスの原因となっているので、エネルギー効率のいい機種を選ぶことによって大きな削減が期待できる。接近検知器のような機能を使い、カフェインあるいはチョコレートに飢えたお客が近づいたときだけ販売機がフル稼働状態になるようにすれば、排出を半減できる。二〇〇〇年にアイダホ州モスコーの学校では、自動販売機二〇台を性能のいいものに交換してエネルギー効率を上げた。これがとてもうまくいったので、さらにその地区全域のオフィスや公共ビルの自動販売機二五〇台も交換された。これらの措置によるエネルギー節約は、全体で年におよそ二〇〇トンの温室効果ガス削減につながった。

スーパーやレストランのようなエネルギー集約型のフロアの場合、エネルギー効率のいい機器を使うことがさらに重要となる。自動販売機の場合同様、食品保管用の冷蔵庫や冷凍庫による温室効果ガス排出も、エネルギー効率のいい機種を選んで適切に維持管理することで半減できる。

職場での直接のエネルギー使用のほかに、気候に大きな負荷をかけているものがもうひとつ、見わたせばいたるところにある。わたしたちのデスクを覆い、キャビネットをいっぱいにし、棚に積み重なり、ゴミ入れからあふれているもの——紙である。

一九九〇年代初め、インターネットがそのウェブを世界中に張りめぐらし始めていた頃、わたしがいま使っているようなパソコンはすでに一一五〇億枚もの紙を消費していた。こんにち、ほとんどのオフィスでブロードバンド接続やEメールがあたりまえになっているにもかかわらず、紙の使用は驚くべき量に達している。アメリカだけでも、レーザープリンタがいまや年に一兆頁以上も使っており、紙の消費は毎年二〇パーセントずつ増えている。わたしたちひとりひとりが、平均して一日に一〇〇枚の紙を使い、その大半がやがてゴミ箱行きとなる。典型的な事務職の人が一年に使う紙には、一〇〇キログラム以上の温室効果ガスに匹敵するだけの、姿を変えたエネルギーが含まれている。埋め立て処分場に行きもしないうちから、すでにそれだけ出しているのである。

オフィスでの紙の使用やインターネットの効果についての研究を調べているあいだ、わたしはどうしていたか？ 自分のパソコンを使ってオンラインの論文を見つけ、読むためにそれをプリントアウトした（もちろん両面に）。わたしはいつも、Eメールはオフィスでの紙の使用を削減させるにちがいないと思っていた。確かに、その結果わたしたちは前ほど多くの手紙やメモを送っていないって？ わたしがまちがっていた。平均して、組織内でのEメールの使用は実は紙の使用を四〇パーセントも増やしている。

薄くスライスされた森林に相当するものをあなたの仕事場中にばらまくのを避ける方法はたくさんある。照明のスイッチを切るように、何もむずかしいことはない。エアコンの販売促進に関する中間報告のコピーを五〇〇部作る必要がある？ 両面コピーボタンを押して紙を節約しよう。もしあなたが文房具戸棚の貴重な鍵を保管する立場にあるか、オフィスで使う紙の管理に口を出せるなら、再生紙を供給することで、職場が気候におよぼす悪影響を実質的に減らすことができる。これは何も、灰色ででこぼこした紙か、漂白された真っ白な紙かということではない。多くの再生紙は、ずっとエネルギー集約的なバージンペーパーと見分けがつかない。会社全体でこれを使えば、エネルギーの点でも気候への影響の点でも、節約効果は絶大である。両面コピー機能に加えて再生紙も使えば、職場で使う紙五万枚につき、まるまる二本の木と一トンの温室効果ガスを節約できる。オフィスの紙を地元の埋め立て処分場に送る代わりにリサイクルすれば、いわばリサイクルのサイクルを完了させることになり、あの日曜版新聞の場合と同じく、気候への直接的な恩恵となる。リサイクル一キログラムにつき二キログラムの温室効果ガスの削減になる。

職場で缶やビン、その他のリサイクルができるようにすることも、大きな違いを生む。ひとつのオフィスビルで毎日百人が週に五日、年に四八週、デスクで昼食を食べるとすると、大量のアルミニウム缶が出るはずだ。年に一トンにはなるだろう。この大量の缶を真新しい材料から作るとすると、約二〇トンの温室効果ガスが排出される。この缶をすべてリサイクルすれば、翌年の缶は三トンの温室効果ガス排出にしか、責任がないことになる。

怪物のように巨大なコピー機は、大幅なエネルギー節約と温室効果ガス削減が同時に実現できる場所の素晴らしい例である。その七年の寿命（臀部関連の事故がなければ）中に、標準的なコピー機は八〇トンの温室効果ガスに匹敵する電気や紙、トナーカートリッジを食い尽くす。このコピー機一台で、平均的な家庭二軒分の年間排出量を出すわけだ。エネルギー効率のいい機種、両面コピー、再生紙と再生カートリッジの使用を組み合わせれば、エネルギー使用、コスト、温室効果ガス排出を最大七五パーセント削減できるだけでなく、最大五〇本の木をさいの目切りにしなくてすむ。

あの人里離れたログキャビンのテレワーカー〈ITを活用して自由な時間と場所で働く人〉のように自宅で仕事をするなら、同じような節約法を利用するといい。標準的なプリンタ、ファクス、小型コピー機、パソコンを備えた平均的なホームオフィスの場合、年間のエネルギー使用量はほぼ二トンの温室効果ガス排出に相当する。エネルギー効率のいい機器や設定に切り替え、使っていないときはスイッチを切るようにすれば、温室効果ガス排出を六〇パーセント削減できる。年に一トン以上ということだ。紙の使用についても同様である。両面にプリントし、捨てるものはリサイクルに回す。そうすれば年間の温室効果ガス排出は約〇・五トンから五〇キログラム未満にまで減るはずだ。

職場で最も大量のエネルギーをむさぼり、大量の温室効果ガスを排出するもののひとつが暖房と冷房である。サーモスタットをいじる前に、まずエネルギー効率のいいオフィス機器を選ぼう。ここでもそれがずいぶん役に立つ。無駄になるエネルギーが少ないということは発生する熱がそれだけ少ないということで、夏場エアコンをフル稼働させる必要がそれだけ少なくなることを意味する。平均的なオフィスの場合、エネルギー効率のいい機器を増やすだけで、エアコンに必要な電力を三分の一減らせるだろう。そのあとで、もちろんサーモスタットをいじればいいわけだが、この自分でコントロールできるはずの場所が、しばしばそうはいかない事態になる。

もしオフィスが暑すぎればラジエーターのつまみを下げることができるはずだが、ほとんどのオフィスでは、温度設定のコントロールパネルは文房具戸棚の鍵よりも油断なく警備されている。警備主任は、自他ともに認めるサーモスタットの女王、血行不良のバーバラである。したがって、バーバラの怒りをかうリスクを冒すよりはと、送風機をオフィスに林立させて過熱ぎみの空気を部屋中に吹き飛ばし、さらに電力を食いつぶすとともに、たまにはバージンペーパーの嵐を巻き起こすような事態になる。オープンプランの職場環境では、ビルの暖房や冷房が電気的な加熱と冷却のあいだの終わりのない闘いにならないようにするのは上司の責任である。上司がしかるべき行動を起こして、バーバラには専用のヒーターをあてがい、ほかの全員には少し温度を下げることを許すなら、エネルギーと排出は大幅に削減されるだろう。正確にはどれくらいか？ 最後にジョン・カーボンをもう一度訪ねてみよう。

ジョンのオフィスは、アラバマ州グリーンヴィルの南側に群がるほかの何十ものオフィスと何ら変わりはない。きょうジョンは、町への道路を毎朝渋滞させる何百人もの会社員たちを避けようと、カープール仲間と一緒にいつもより早めに出社してきた。すぐ満杯になる広大な駐車場の一角にすばやく駐車場所を見つけ、正面がガラスで覆われたビルに向かう。こんなに早い時間でも、二〇〇あるオフィスの照明で煌々と輝いている。アラバマ保険業界の拠点であるこのビルには二〇〇台のパソコン、ネットワーク化された二〇台のレーザープリンタ、五台のファクス機、五台のスキャナに五台のジャンボサイズのコピー機が収まっていて、すべて二四時間ぶっ通しで電気をムシャムシャ食べている。目に見えて浪費されている大量のエネルギーを何とかしようと決心したジョンは、地域マネージャーとしてそれができる立場にいることもあって、職場のエネルギー使用とコストと温室効果ガス排出の削減にとりかかる。

その週のうちにさっそく人体感知器が照明システムに取りつけられ、照明のためのエネルギー使用がただちに半分になり、温室効果ガス排出が年に一九トン削減される。次回の電気料金請求書に現れた明らかな節約効果を追い風に、パソコンやコピー機をはじめエネルギーをむさぼるあらゆる機器について、エネルギー節約モードの設定と夜間のスイッチオフの徹底が始まる。さらにジョンは、退職パーティーのための寄付金集めの手腕で有名な数人をプロジェクトに引き入れ、たちまちオフィス機器全体のエネルギー浪費を六〇パーセント以上も削減することに成功した。ビル全体では年に一〇〇トン以上の温室効果ガスに相当する。オフィスの女性顔役たちからなるこのチームの働きで、リサイクルがすべてのフロアで当たり前のことになった。ゴミ箱区域は、バージンペーパーであふれかえっていたおなじみの状態から、きちんと管理された紙と缶とビンのリサイクルエリアへと、またたくまに変貌を遂げた。

社用車一〇台のリース契約更新についていえば、ジョン・カーボンとその部下が例の三・五リットル大型サルーンに乗ることはもうない。代わりに営業チームはいま、ずっと低いコストで、複式燃料ハッチバックを運転している。この簡単な措置は温室効果ガス排出を年に五〇トン以上削減する。自転車用の新しいラック、車でぎっしりの道路に勇敢に立ち向かう汗まみれの一握りの人たち用のシャワー施設、カープールをしている人々だけの無料駐車区画なども揃えて、ジョンは真に気候を意識した職場を作るための道を着々と進んでいる。

ジョンの行動によって、彼のオフィスビルの温室効果ガス排出は年に一五〇トン以上削減された。これは一二台の車を永久に路上から追放すること、あるいはビルで働く全員の個人的な排出を一トン以上削減することに等しい。サンフランシスコ本社にいるジョン・カーボンの上司も非常に喜ぶことだろう。電気料金が年に三万ドル以上節約できたのだ。社用車の燃料と賃貸料の節約、それにオフィス中の紙代の削減も合わせれば、ジョンはオフィスに多額のクリスマスボーナスをもたらすとともに、ほかの地区オフィスの見習うべき手本を示したことになる。

＊　＊　＊

職場での権力のはしごを上っていくにつれ、職場排出をそのように大胆に削減できる力はどんどん大きくなる。自転車通勤の促進や燃費のよい社用車への切り替えと並んで、再生可能な電力源の選定、オフィスのリサイクル運動への財政的支援、さらには気候を意識した建築デザインの確保といった選択肢も可能になる。

職場のエネルギー節約を率先して行おうとするそういった気運の成果が、すでに現れ始めている。アメリカでは「エネルギースター・プログラム」が拡大して、一万三〇〇〇の組織と小企業を含むまでになっている。推定では、このプログラムは一九九二年の開始以来、アメリカのビジネス界のエネルギー使用を約五五〇億キロワット時削減させたという。三〇〇〇万トンを超える温室効果ガスに匹敵する量である。

イギリスでは、わたしの研究の資金提供団体である「自然環境研究委員会」が、環境破壊全般を減らすねらいで毎年「環境適合検査」を実施している。エネルギー使用の削減から紙の無駄使いの低減まで、こういった組織全体での取り組みが、公明正大な経費節約法としてますます多く行なわれるようになっている。世間体を気にするようになったためか、それとも純粋な博愛精神のなせるわざだろうか（ほんとうのところはわからない）。

ガーディアン紙はいままでは、気候変動対策支援機関である「カーボントラスト」による年一回の検査を受けている。当初、これは多少の不愉快な事実を明るみに出すこととなった。社のオフィスは一平方メートルあたり、年に四一八キログラムの温室効果ガスを発生させていたのだ

（スーパーよりまだ悪い）。いまではそういった排出をいわゆる「適正実施」レベルの一平方メートルあたり九五キログラムにまで削減するための行動を始めている。これはガーディアン紙全体で八〇パーセント近い削減となり、年に二八〇〇トンの温室効果ガスに相当する。環境への悪影響を減らすことを切望する新聞社にとっても、その銀行預金残高にとっても、まちがいなくすばらしいニュースだ。エネルギーコストの節約見込み額は年に一二万ポンドにのぼる。「世界自然保護基金」がその「気候救済プログラム」を通じて、世界各地の企業を排出削減に取り組ませてきたことも、忘れてはならない。要するに、オフィスに初めてリサイクル用トレイが現れるといったレベルのことから、大企業が環境適合検査を受けることまで、気候変動に対する行動がいよいよ始まっているのである。

意識を持つことの波及効果についての話題のついでに、わたしたちの態度がどのようにしてずっと上のレベルにまで変化をもたらしうるかに触れるのも、無駄ではないだろう。政治家は大衆の意見に反応する必要があること、さもなければ次の選挙で権力の座からはじき出される事態に直面しなければならないことを十分に承知している。ショッピングモールやスーパーマーケットの所有者や、電気機器製造業者も同じである。スイッチを切ることができないデジタルテレビについて多くの人が苦情をいえば、製造業者はすぐに「オフ」スイッチを標準装備とするはずだ。もしあのスウェーデン生まれのビッグブルーショップで省エネタイプの電球の安売りが始まれば、あなたの家の近くの金物屋でも突然、この「新型」経費節約電球のセールが始まるだろう。

わたしたちの底辺からの力は、スーパーマーケットチェーンから大統領や首相まで、あらゆる人の決定に影響を与える。けっしておおげさに言っているのではない。そういった大きな力を持つ人々も、結局は、人々である。やはり家庭があり、子供も友人もいる。そしてその子供や友人たちは、ちょうどわたしたちと同じように気候変動の脅威にさらされている。イギリスではエリザベス女王でさえ、最近ドイツで気候変動に関する会議を開き、この問題についての憂慮とともに、王室による気候への悪影響を減らす意向を表明した。

政治的見地からすると、今後とるべき道は明らかに、個人レベルでの削減を推進し、その成果を国全体の温室効果ガス削減に役立てることのように思われる。確かに、近年、この分野への政府の関心が高まってきている。イギリス政府は、よりよい情報や金銭的メリット、規制強化を通じて、国内のエネルギー効率の引き上げをはかっている。予想では、こういった戦略の実施によって、大企業の友人たちを混乱させるような事態なしに、イギリスの炭素排出を二〇一〇年までに五〇〇万トン前後削減できるという。個人レベルでの排出削減にもっと積極的な政府もある。たとえばオーストラリア温室効果対策局は「クール・コミュニティーズ」に資金提供しているが、この組織は個人がどのようにして排出を減らすかについての情報を提供するだけでなく、家庭でのそういった温室効果ガス削減戦略を実施するための補助金を地域社会に提供する。

一般大衆の意識を高めるルートを通じて削減を行なう場合のコストについては、確たる数字はない。しかしこの方式が先進工業国では非常に大きな可能性を秘めていることに、疑いの余地はほとんどない。SUVを運転していたかつてのジョン・カーボン式のライフスタイルの人一〇〇万人が、気候を意識する新しいジョン・カーボンのライフスタイルに切り替えるたびに、年間一〇〇〇万トン以上の温室効果ガス排出が削減されるはずだ。

今後数年間は、わたしたちひとりひとりに、エネルギー節約パンフレットやリサイクル計画、国民の意識向上広告などが雨あられと浴びせられるだろう。気候に関する税制上のニンジンとムチも、急速な気候変動の脅威を報ずるテレビニュースも、もっと増えるだろうし、子供たちはますますわたしたちに腹を立てるようになるだろう。しかし結局、すべてはわたしたちの選択にかかっている。

道の向こうのもくもく煙を吐いている発電所は、わたしたちの行動など無意味に思えるほど大量の温室効果ガスを排出しているように見える。しかしそこで作られる電気の多くは、空っぽのオフィスの照明やわたしたちの家の待機電力などに浪費される。アメリカだけでも、待機電力によるエネルギーのむだはかなり大きな発電所二六基分の発電量に相当する。それだけの電力が、ただブーンと唸らせておくだけのために使われているのだ。実際、排出のうえで優位を占め、したがって人為的な気候変動と闘う際の鍵となっているのは、わたしたち個人が日々使っているエネルギーと化石燃料である。

先進国の全排出量のおよそ四分の一はわたしたちの家庭から出ている。同じく四分の一がわたしたちの移動から、そして残りの大部分がわたしたちの働く場所からである（図18）。

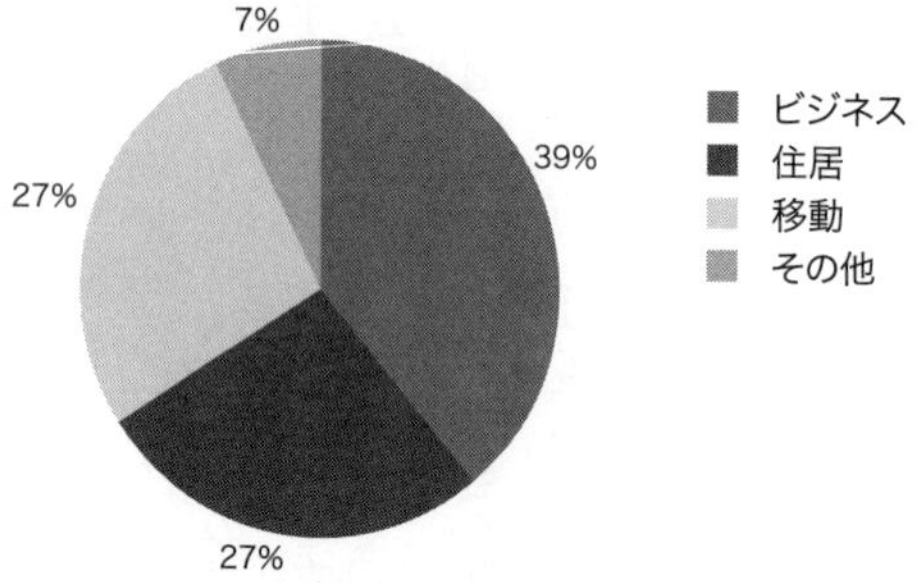

図18　最終消費者による二酸化炭素排出量

さてこの排出パイから、これまでの話で削減可能だとわかった分を切り取ったところを想像してみよう。つまり移動排出からその六〇パーセント分の一切れを取り、家の排出から四分の三をぬぐい去り、次にビジネスからの巨大なくさび形に取り組む。運転する車の選定から、夜はパソコンを消すかどうかまで、こういったひとつひとつのことがらが、二一世紀とその後の気候変動の激しさを決めるのである。

もしこの個人レベルの排出を削減する潜在能力と、意識の高まりを結びつけることができるなら、将来を楽観視することができる。わたしたちの子供や孫たちは、大量排出シナリオの最悪の惨禍に直面する必要がない。わたしたちは人類史上最も利己的で破壊的な世代として記録される必要がない。地球を人為的にコントロールするこの時代——この人間中心主義——が、自分自身とほかのあらゆるものを使い尽くす必要はないことになる。

わたしは「魔法の」六〇パーセント目標について、たくさん話してきた。もし気候変動の壊滅的な影響を避けたいなら不可欠だと、科学界が考える排出削減目標である。しかしそのような削減は、わたしたちの家庭や休暇、家計、健康に対する影響に関しては、実際に何を達成してくれるのだろうか？

＊　＊　＊

地球温暖化の予測はいわゆる「排出シナリオ」を基にしている。人類がそのなかからひとつを選ばなければならない、いくつかの道である。それぞれの道に沿って、気候のさまざまな変化が待ち構えている。多くのシナリオがあり、全体として、人類が今後一〇〇年のあいだに見るであろう、人口成長や経済発展、温室効果ガス緩和努力などにおける変化をカバーしている。

わたしたちの前途にある道でいちばんなじみ深い道、わたしたちのライフスタイルが理論上比較的変化なく進んで行けるとする道は、最も深刻な影響の多くに至る道である。気象科学の世界では、この道はいわゆる「A1筋書き」と呼ばれる群、つまり将来の急速な経済成長を共通項とする排出シナリオ群の一部である。A1F1（気候モデルはあまり刺激的な名称を好まないらしい）と呼ばれる高排出シナリオは、化石燃料の使用によって高速の国際的な経済成長が推進される世界を現す。株式仲買人や巨大な防衛複合企業、オイルマネーを握る大物などが力を振るう世界、「何が何でも金儲け」という価値観が相変わらず幅を利かせ、肥満体向けの赤いズボン吊りの売り上げには驚くべき効果を発揮するものの、温室効果ガス排出の速度はどんどん押し上げる世界である。A1F1筋書きでは、眠れる排出巨人である中国とインドが、わたしたち西洋人が一九世紀と二〇世紀にやったのと同じ温室効果ガス集約的なやり方で発展を遂げる。

この背筋の寒くなるような筋書きでは、世界人口が二〇五〇年にピークに達し、その後減り始める。同時にこのシナリオでは、さらに効率のいいテクノロジーの急速な発展とその使用を想定している。この道を行けば、温室効果ガス排出は二〇五〇年と二〇八〇年のあいだのどこかでついに横ばいになり始める。しかしその頃には大気中の二酸化炭素濃度はこんにちの二倍以上、工業化以前の三倍以上、すなわち八〇〇ppm前後のどこかになっているだろう。この長期燃焼の道をたどれば、わたしたちは気候変動サイコロに二兆トンのよけいな炭素という偏り(かたよ)が仕込まれるのを許すことになり、壊滅的な気候変動に対する勝算が大幅に低下する。

高排出の道の最初のカーブの向こう、わたしたちの多くの視界からわずかにはずれたところに、ほんとうの危険が潜んでいる。高排出シナリオでは、たとえばイギリスは、東海岸沿いの極端な海面レベル、高潮、洪水などの頻度がいまの一〇倍から二〇倍に増加する事態に直面する。高排出の道を選ぶことによって、気候変動に関する政府間パネル(IPCC)によって作成された、あの残酷なほどに率直な影響の一覧表——疾病や飢饉、洪水、死の予測——が現実のものとなる。

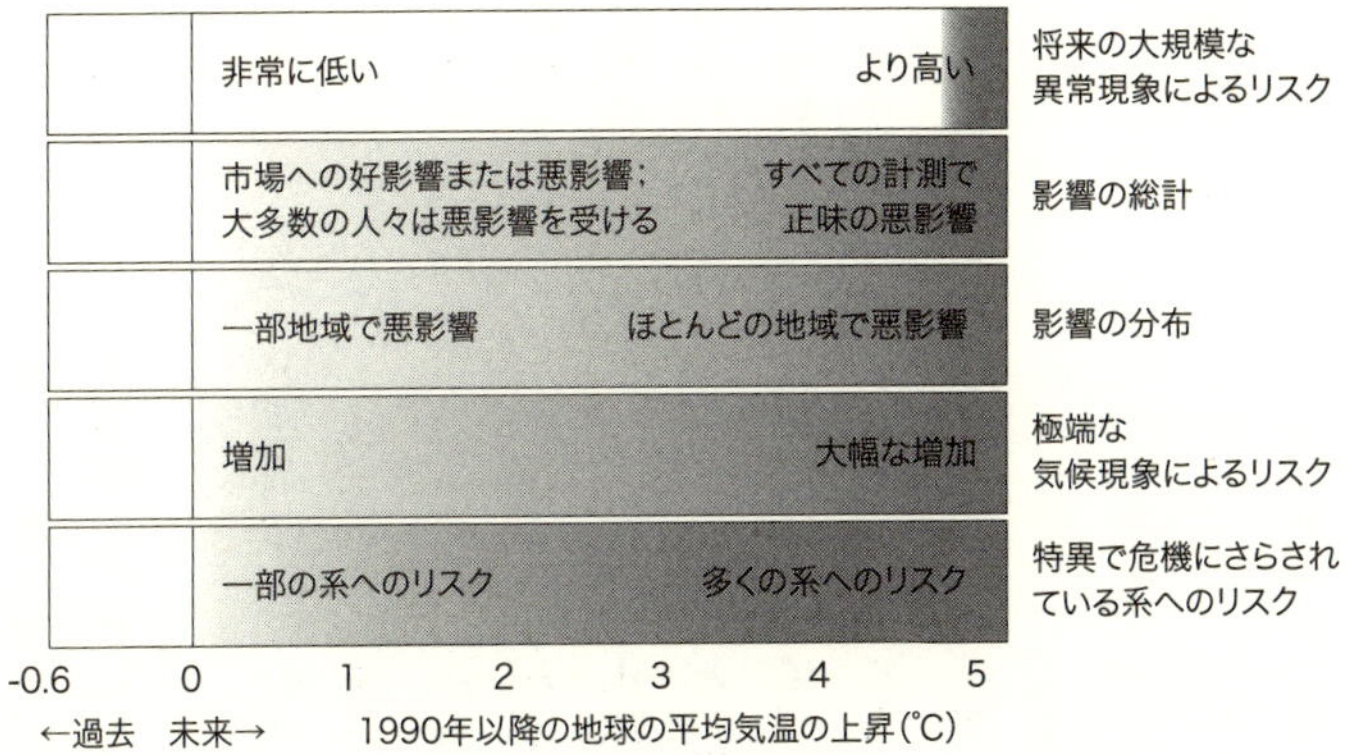

図19　懸念の根拠

現在予測される将来像の幅について、IPCCでは五つの「懸念の根拠」カテゴリー（図19）を立てている。それぞれの「懸念」について長いボックスがあり、左端がこんにちの状況である。右へ行くにしたがって未来に入っていき、二一〇〇年で終わっている。お気づきと思うが、この五つのボックスにはひとつ共通点があり、右へ行くにしたがって暗くなっている。高排出シナリオで地球気温の上昇が摂氏五度の場合、最も暗くなる――これはまずい。

いちばん上のボックスは「将来の大規模な異常現象によるリスク」で、いまの「非常に低い」から、かなりおおまかな「より高い」に至る。それほど悪くは聞こえないが、これが何を意味するかに気づけば、そんなことは言っていられなくなる。これはわたしたちの温室効果ガス排出が世界中に重大な影響を及ぼすリスクである。西南極大陸氷床の融解のような事態、すなわち海面を約六メートル上昇させて、地球規模の死と破壊をもたらすようなできごとが起こるリスクを示しているのだ。北大西洋循環が停止して、北極の氷が北アメリカおよびヨーロッパを包むような事態も考えられる。

このハリウッド映画顔負けのボックスより下では、「懸念の根拠」もそれほどドラマチックではないようだが、ボックスの暗さは急速に増している。まず地球温暖化の経済的な損失のボックスと地理的分布のボックスがある。これらはこんにちの状況である「一部地域で悪影響」から、富めるか貧しいかにかかわりなくあらゆる国に影響と経済的損失が広がり、「ほとんどの地域で悪影響」と「すべての計測で正味の悪影響」に至る。下のふたつのボックスは「特異で危機にさらされている系へのリスク」と「極端な気候現象によるリスク」を表わし、わたしたちがこんにち経験している温暖化によって、すでに暗くなっている。右へ移動して時が進むにつれ、高排出シナリオが特異な生態系をますます食い尽くし、極端な気候現象の頻度が大幅に増加する。

高排出シナリオすなわち化石燃料に支えられた経済と排出が活況を呈するA1F1的未来は、金持ちがごろごろいる道だが、破滅に至る道である。ありがたいことに、いまわたしたちが立っているのに気づいた気候変動の十字路には、ほかにも道がある。IPCCの使った排出シナリオ群には低排出群もあり、そのなかにB1という筋書きがある。このB1未来でも世界人口は高排出筋書き同様に今世紀半ばまで増加するが、この未来では世界中の人々が高レベルの環境意識を持っている。これに、もっと情報に基づいた世界経済への急速な変化が加わって、中国のような拡大経済をより持続可能な発展に導く。原料集約の大幅で持続的な低下も世界中で起こる。簡単にいうと、わたしたちが作ったり使ったり捨てたりする物の量が大幅に減る。B1シナリオのもとでは二酸化炭素濃度が二〇八〇年までに五二〇ppmに上昇し、地球気温は摂氏約二度高くなる。この「最善のシナリオ」も地球気温の激しい上昇を示すかもしれないが、少なくとも「懸念の根拠」ボックスの暗い端からは、わたしたちを遠ざけてくれる。

すべての排出シナリオのなかで、今世紀の半ばまでに地球全体の排出の削減が行なわれるものはひとつもなく、たったひとつ、B1だけがその後、こんにちの排出レベルよりも下がる。というわけで、これらの予想に基づけばわたしたちの前にあるすべての道は、高排出のA1シナリオから低排出のB1シナリオまで、仕事や家、生命の大規模な損失を意味する。しかし、気候の十字路にはもうひとつ道がある。

それは気候モデルの製作者たちが見逃したとしても許されるような道である。地球全体の温室効果ガス排出を削減するうえで、国際的な気候変動対策にも、「魔法の解決策」としてのゼロエミッション・テクノロジーの開発にも頼らず、地球人口の減少さえあてにしない。もっと地道に、個人の意識と行動によって排出を少しずつ下方に押しやるのである。予想を立てるのはとてもむずかしい道だが、きわめて大きな可能性を秘めた道である。B1シナリオにとって非常に重要な高い環境意識は、急速な気候変動の明確な証拠によってもたらされると予想されている。気候変動がもたらす飢饉や洪水、病気の流行に対する共通の恐怖である。しかしそこまで恐怖が高まるのを待たずに、もしわたしたちがいま行動を起こしたら未来はどうなるだろうか？　気候変動がわたしたちを攻撃するのを待つ代わりに、わたしたちが気候変動を攻撃したら？

これはけっして、車なし、飛行機なし、電灯なしの狂信的なシナリオではない。むしろ、現実的な可能性のある筋書きである。自分たちのすべきことに加えてもう少しよけいにする世界中のカーボン家の総計であり、職場でのエネルギー使用を削減しているバーバラのような無数の人々であり、なんと、パソコンを消して自転車で帰宅する世界中のガレスでさえある。個人として、彼らは気候変動氷河の通り道にある一粒の砂にすぎないが、力を合わせればその通り道を根本的に変えることができる。

個人のレベルで可能だとわかった削減を地球規模に拡大して考えてみよう。そうすれば、地球全体での温室効果ガス排出削減は、京都議定書を六つ、積み重ねたようなものになるだろう。抜け道もなければ逆行もなく、ほんものの有効な削減が実現する。もし、家庭や移動、仕事においてわたしたちめいめいに責任がある排出がこのようにして急落すれば、そのときわたしたちは新しいシナリオを手に入れる。ＩＰＣＣの慣例にならって、それを「Ｃ１」と呼ぶことにしよう。この未来の地球では二〇八〇年の二酸化炭素濃度が五〇〇 ppm 以下で、地球気温の摂氏二度の上昇は避けられ、世界は気候変動の最悪の影響から救われる。

「C1」の小道はわたしたちが未来を変えるチャンスであり、わたしたちみなに開かれている道である。わたしたちはこの気候変動の十字路に、まさにいま、立っている。

さあ、あなたも選択を。

図20　水没した標識

訳者あとがき

地球温暖化とか気候変動ということばは、いまや誰でも知っている。けれども具体的にどこがどうなっているのか、どうすればいいのかということになると、問題があまりにも大きすぎることもあって、いまひとつピンと来ないのではないだろうか。本書は、日々の生活に追われるそういったふつうの人たち、これまで特に環境問題への意識が高かったわけでもない人たちに向けて書かれた本である。地球温暖化とは何か、温暖化とわたしたちの暮らしはどういう関係にあるのかといった基礎知識や現状分析から、急激な温暖化による将来の惨禍を防ぐにはどうすればいいかという対策までを、わかりやすく解説している。そしてわたしたちひとりひとりの行動がいかに大きな力となりうるかを述べて、どのようなライフスタイルを選ぶかの選択を、読者に迫る。地球温暖化という、いま最もホットな話題を毎日の暮らしの目線で取り上げ、その全体像の理解を助けるとともに、将来の世代に負の遺産を残さないための指針を示すユニークな本である。

著者のデイヴ・レイはエディンバラ大学の研究員で、温暖化に関わりのある基礎研究に長年携わってきた。その経験から地球温暖化の脅威をひしひしと感じるようになるが、初の国際的な取り組みである京都議定書の策定後もいっこうに対策が進まないのにたまりかねて、みずから行動を起こす決心をする。まず取り組んだのが、自分が実際にどれくらいの温室効果ガスを排出しているのかをはっきりさせること。資料を集めたり、いろいろな現地調査をしたりして、先進工業国で生活する個人が日々の生活のどのような場面でどれだけの温室効果ガスを出しているかを、こつこつと調べあげる。その結果、自分がかなり大口の排出者であることに気づくが、やりようによってはその排出をかなり減らせることにも気づく。

その調査研究の成果を読者に伝えるにあたって著者は、先進工業国のごくふつうの家族という設定で、アメリカ南部に住むカーボン一家というほほえましい家族を登場させる。夫に先立たれ、人生も終わりにさしかかったカーボンおばあちゃん、共働きのジョンとケイト、一二歳のヘンリーに八歳のジョージ、新しく生まれるルーシー、それにラブラドル犬のモリーである。この一家の日常を織りまぜながら、ユーモアたっぷりに話が展開していく。ともすれば数字だらけで単調になりがちな話題を、これだけめりはりの効いたおもしろい読み物にしあげた著者の手腕には感心する。しかも、戦前生まれで、エネルギーや物の爆発的な消費の伸びを身をもって体験した祖母、戦後に生まれ、豊かな大量消費文化を享受している息子、そのつけである温暖化の影響をまともに受けるであろう孫と、三世代の生活を書き分けることによって、エネルギーと物の消費の急激な伸びが温室効果ガスの急激な増加をもたらしている構図を、くっきりと浮き彫りにすることに成功している。これほど読みやすくわかりやすい地球温暖化の本もないだろう。

本書がカーボン一家を中心に書かれているのは、単に親しみやすさのためだけではない。温室効果ガス排出の削減の鍵は家庭にあると、著者が考えているからである。先進工業国における温室効果ガス排出には、一般家庭からの排出が大きな割合を占めている。したがって、家庭でのエネルギーや物の無駄使いをやめることが大きな意味を持つわけだが、缶やびんのリサイクル程度で満足していては、実質的な削減効果は期待できない。本書では、電力の無駄使いやゴミの問題、温室効果ガスの一番の元凶である車、製造や輸送に使われたエネルギーという形ですでに商品に含まれている気候負荷など、温室効果ガスのいろいろな排出源をカーボン一家の日常に即して具体的に取り上げ、対策を考えていく。ジェット機で空輸され、それ自体の重さの何倍もの温室効果ガス排出の原因となっている輸入ブドウ、牛のげっぷとメタン、気候にやさしい葬送方法など、興味深い話題が次々に出てくる。日常生活のすべてについて、気候への影響を意識したライフスタイルを採り入れれば、一部の環境保護論者が説くような極端な耐乏生活をしなくても、六〇パーセントの削減が可能だという。そしてその家庭での実践を職場や地域社会に広げていけばいいと、著者は言う。

世界最大の温室効果ガス排出国でありながらいまだに京都議定書から離脱したままのアメリカでも、今年に入って政府がバイオエタノール燃料の利用推進を打ち出した。もともと環境意識の高いヨーロッパでは、EUが二〇二〇年までに温室効果ガス排出の二〇パーセント削減で合意し、イギリス政府は二〇五〇年までに六〇パーセント削減をめざす法案を発表している。著者が政府の無策ぶりに業を煮やして行動に立ち上がった頃からみれば隔世の感があるし、本書が書かれた二〇〇五年当時からしても、かなりの進展といえよう。温暖化による被害がそれだけ急速に深刻になりつつあるということかもしれない。

世界各地のニュースを見るまでもなく、日本でも、全般的な暖冬化の傾向はもちろん、これまではほとんどなかった竜巻の発生や、激しい集中豪雨など、異常気象という形で、ここ二、三年は気候変動の影響が身近に感じられるようになってきている。世界に誇る省エネ技術を持ち、ゴミのリサイクルもかなり進んでいる日本だが、それでも、京都議定書に定められた最低限の削減目標さえ、達成が危ぶまれている。著者の言うように、やはりひとりひとりの意識、ライフスタイルの根本的な変化が不可欠なのだと思う。きわめて具体的でわかりやすい本書を読めば、日常生活のさまざまなことがらに関する意識が確かに変わる。化石燃料に頼ったいまのライフスタイルが将来の世代にもたらす惨禍を知りながら、そのまま続けた利己的な世代として歴史に名を残すのかどうか、まさにいま、わたしたちひとりひとりの選択が問われているのである。

最後に、鋭いご指摘で訳文の推敲を助けてくださいました日本教文社の鹿子木大士郎氏と、翻訳作業にあたっていろいろとお世話になりました株式会社バベルの鈴木由紀子さんに厚くお礼申し上げます。

二〇〇七年三月

日向やよい

文献案内

Adams, D. and Carwardine, M. (1991), *Last Chance to See*. Pan Macmillan, London.

Bunting, M. (2004), *Willing Slaves: How the Overwork Culture is Ruling Our Lives*. HarperCollins, London.

Dauncey, G. and Mazza, P. (2001), *Stormy Weather: 101 Solutions to Global Climate Change*. New Society Publishers, Canada.

Diamond, J. (2005), *Collapse: How Societies Choose to Fail or Survive*. Allen Lane-Penguin, London.

Hilman, M. and Fawcett, T. (2004), *How We Can Save the Planet*. Penguin, London.

Houghton, J. (1997), *Global Warming: The Complete Briefing*. Cambridge University Press, Cambridge.

Intergovernmental Panel on Climate Change (IPCC) (2000), *Aviation and the Global Atmosphere*. Cambridge University Press, Cambridge.

Intergovernmental Panel on Climate Change (IPCC) (2001), *Climate Change 2001: The Scientific Basis*. Cambridge University Press, Cambridge.

Intergovernmental Panel an Climate Change (IPCC) (2001), *Climate Change 2001: Impacts, Adaptation, and Vulnerability*. Cambridge University Press, Cambridge.

Intergovernmental Panel on Climate Change (IPCC) (2001), *Climate Change 2001: Mitigation*. Cambridge University Press, Cambridge.

Jones, A. (2001), *Eating Oil: Food Supply in a Changing Climate*. Sustain and Elm Farm Research Centre, London.

Langholz, J. and Turner, K. (2003), *You Can Prevent Global Warming (and Save Money)*. Andrews McMeel Publishing, Kansas City.

Lawrence, F. (2004), *Not on the Label: What Really Goes into the Food on Your Plate*. Penguin, London.

Lynas, M. (2004), *High Tide: News from a Warming World*. Flamingo, London.

Meyer, A. (2000), *Contraction & Convergence: The Global Solution to Climate Change*. Schumacher Briefings, Green Books, Devon.

Monbiot, G. (2004), *The Age of Consent: A Manifesto for a New World Order*. HarperCollins, London.

National Assessment Synthesis Team, US Global Change Research Program (2000), *Climate Change Impacts in the United States: The Potential Consequences of Climate Variability and Change*. Cambridge University Press, Cambridge.

Smith, A. and Baird, N. (2005), *Save Cash & Save the Planet*. HarperCollins, London.

with Projections to 2025. Report #: DOE/EIA-0383(2005). http://www.eia.doe.gov/oiaf/aeo/
Worrell, E., Price, L., Martin, N., Hendriks, C. and Meida, L. O. (2001), Carbon dioxide emissions from the global cement industry. *Annual Review of Energy and the Environment*, **26**, 303-29.

第8章

Australian Greenhouse Office (2005). *Buildings and Energy: Office Building Energy Use*. http://www.greenhouse.gov.au/lgmodules/wep/buildings/training/training4.html
Australian Greenhouse Office. *National Energy Star*. http://www.energystar.gov.au/
Climate Ark. http://www.climateark.org/
Community for Environmental Engineering and Technology in Australia. http://www.comeeta.org/
Envirowise and the UK Environment Agency. *Green Officiency:Running a Cost-Effective, Environmentally Aware Office*. GG256. Envirowise, Oxfordshire.
National Appliance and Equipment Energy Efficiency Committee (NAEEEC). *Green Office Guide: A Guide to Help You Buy and Use Environmentally Friendly Office Equipment*. http://www.energystar.gov.au/consumers/greenbook.html
Picklum, R. E., Nordman, B. and Kresch, B. (1999), *Guide to Reducing Energy Use in Office Equipment*. US Department of Energy. http://eetd.lbl.gov/bea/sf/GuideR.pdf
Sellen, A. J. and Harper, R. H. R. (2001), *The Myth of the Paperless Office*. MIT Press, Cambridge MA.
The Guardian (2004). *Green Offices*. http://www.guardian.co.uk/values/socialaudit/environment/story/0,15074,1305103,00.html
UK Department of the Environment and Transport and the Regions (DETR) (2000), *Climate Change: the UK Program*. http://www.defra.gov.uk/environment/climatechange/cm4913/index.htm#docs
US Energy Information Agency. *Information on the commercial buildings sector*. http://www.eia.doe.gov/emeu/cbecs/contents.html
US Environmental Protection Agency. *Planning and Urban Environment*. http://yosemite.epa.gov/OAR/globalwarming.nsf/content/ActionsLocalSmartSavingsPlanningandUrbanEnvironment.html
World Resources Program (2001), No end to paperwork. Vanasselt, W. (ed.), *Earthtrends*, World Resources Institute. http://earthtrends.wri.org/pdf_library/features/ene_fea_paper.pdf

International Journal of Environment and Pollution, **15**(4), 386-405.
Kamal, W. A. (1997), Improving energy efficiency – the cost-effective way to mitigate global warming. *Energy Conversion and Management*, **38**(1), 39-59.
Ogden, J. M., Williams, R. H. and Larson, E. D. (2004), Societal lifecycle costs of cars with alternative fuels/engines. *Energy Policy*, **32**(1), 7-27.
O'Hara, M. (2004), Homeowners face a rising tide. Jobs and Money, *The Guardian*, 14 February, p.9.
Stott, P. A., Stone, D. A. and Allen, M. R. (2004), Human contribution to the European heatwave of 2003. *Nature*, **432**, 610-14.
Thomas, C. D. *et al.* (2004), Extinction risk from climate change. *Nature*, **427**, 145-8.
Tol, R. S. J. and Verheyen, R. (2004), State responsibility and compensation for climate change damages – a legal and economic assessment. *Energy Policy*, **32**(9), 1109-30.
US Energy Information Administration (1998), *Impacts of the Kyoto Protocol on US Energy Markets and Economic Activity*. US Department of Energy, Washington, DC. http://www.eia.doe.gov/oiaf/kyoto/pdf/sroiaf9803.pdf
US Environmental Protection Agency (2003), *Pay-As-You-Throw: A Cooling Effect On Climate Change*. http://www.epa.gov/mswclimate/
Yohe, G., Neumann, J., Marshall, P. and Ameden, H. (1996), The economic cost of greenhouse-induced sea-level rise for developed property in the United States. *Climatic Change*, **32**(4), 387-410.

第7章

Clark, T. *Greening Your Final Arrangements*. Jewish-Funerals.org http://www.jewish-funerals.org/greeningfinal.htm
Clean Air – Cool Planet. http://www.cleanair-coolplanet.org/
Linderhof, V. G. M. (2001), Household demand for energy, water and the collection of waste: a microeconometric analysis. *PhD Thesis*, Rijksuniversiteit, Groningen. Labyprint Publication, Holland.
Lyman, F. (2003), Green graves give back to nature: eco-friendly funerals break new ground. *MSNBC News*. http://msnbc.msn.com/id/3076642/
Rosen, K. B. and Meier, A. K. (1999), *Energy use of televisions and video-cassette recorders in the US*. US Department of Energy. http://eetd.lbl.gov/EA/Reports/42393/42393.pdf
US Energy Information Administration. *Historical End-Use Consumption Data*. http://www.eia.doe.gov/neic/historic/hconsumption.htm
US Energy Information Administration. Environment: *Energy Related Emissions Data, Forecasts and Analyses*. http://www.eia.doe.gov/environment.html
US Energy Information Administration (2005), *Annual Energy Outlook 2005*

public's recycling behaviour in the Borough of Wyre, England. *Resources, Conservation and Recycling*, **38**, 139-59.

第6章

Adams, D. and Carwardine, M. (1991), *Last Chance to See*. Pan Macmillan, London.

Allen, M.R. (2004), The Blame Game: Who will pay for the damaging consequences of climate change? *Nature* **432**, 551-2.

Anderson, K. and Starkey, R. (2004), *Domestic Tradable Quotas: a policy instrument for the reduction of greenhouse gas emissions*. An Interim Report to the Tyndall Centre for Climate Change Research. Tyndall North, Manchester.

Australian Greenhouse Office (2002), *Living With Climate Change – An Overview of Potential Climate Change Impacts on Australia*. http://www.greenhouse.gov.au/impacts/overview/

Barker, T. and Ekins, P. (2004), The costs of Kyoto for the US economy. *Energy Journal*, **25**(3), 53-71.

Broadmeadow, M. (2000), Climate change – implications for forestry in Britain. *Forestry Commission Bulletin*, 125. Forestry Commission UK.

Burke, L. and Maidens, J. (2004), *Reefs at Risk in the Caribbean*. World Resources Institute. http://pdf.wri.org/reefs_Caribbean_full.pdf

Clarkson, R. and Deyes, K. (2002), *Estimating the social cost of carbon emissions*. Government Economic Service Working Paper 140. http://www.hm-treasury.gov.uk/media/209/60/SCC.pdf

DeLeo, G. A., Rizzi, L., Caizzi, A. and Gatto, M. (2001), The economic benefits of the Kyoto Protocol. *Nature*, **413**, 478-9.

Dresner S. and Ekins, P. (2004), *Economic Instruments for a Socially Neutral National Home Energy Efficiency Programme*. Policy Studies Institute Research Discussion Paper 18. http://www.psi.org.uk/docs/rdp/rdp18-dresner-ekins-energy.pdf

Dresner, S. and Ekins, P. (2004), *The Distribution Impacts of Economic Instruments to Limit Greenhouse Gas Emissions from Transport*. Policy Studies Institute Research Discussion Paper 19. http://www.psi.org.uk/dots/rdp/rdp19-dresner-ekins-transport.pdf

Dresner S. and Ekins, P. (2004), *Charging for Domestic Waste: Combining Environment and Equity Considerations*. Policy Studies Institute Research Discussion Paper 20. http://www.psi.org.uk/dots/rdp/rdp20-dresner-ekins-waste.pdf

Insure.com (2002), *10 Years Later, Hurricane Andrew Would Cost Twice as Much*. http://info.insure.com/home/disaster/andrewtoday/

Howarth, R. B. (2001), Intertemporal social choice and climate stabilization.

pdb/ghg/1990_00_report/appa_e.cfm

Fehr, M. Cacado, M. D. R. and Romao, D. C. (2002), The basis of a policy for minimizing and recycling food waste. *Environmental Science and Policy*, 5, 247-53.

Hayhoe, K. *et al.* (2004), Emissions pathways, climate change, and impacts on California. *Proceedings of the National Academy of Sciences of the United States of America*, **101**(34), 12422-7.

Hulme, M. (2003), Abrupt climate change: can society cope? *Philosophical Transactions of the Royal Society Series A*, **361**(1810), 2001-19.

NASA. Earth Observatory. http://earthobservatory.nasa.gov/

Parfitt, J. (2002), *Analysis of Household Waste Composition and the Factors Driving Waste Increases*. Strategy Unit, UK Government. http://www.number-10.gov.uk/su/waste/report/downloads/composition.pdf

Parliamentary Office of Science and Technology (2004), UK health impacts of climate change. *POSTnote,* Number 232.

Pickin, J. G., Yuen, S. T. S. and Hennings, H. (2002), Waste management options to reduce greenhouse gas emissions from paper in Australia. *Atmospheric Environment*, 36(4), 741-52.

Reay, D. S. (2003), Sinking methane. *Biologist*, **50**(1), 15-19.

UK Department of Trade and Industry (2002), *Environmental Life Cycle Assessment and Financial Life Cycle Analysis of the WEEE Directive and its Implications for the UK*. Report prepared by PriceWaterhouseCoopers. http://www.dti.gov.uk/support/dtiweeeupdate.pdf

US Energy Information Administration (2003), *Emissions of Greenhouse Gases in the United States 2003: Methane Emissions*. http://www.eia.doe.gov/oiaf/1605/ggrpt/methane.html

US Environmental Protection Agency. *Greenhouse Gas Emissions from Management of Selected Materials in Municipal Solid Waste*. Washington, DC. http://www.epa.gov/epaoswer/non-hw/muncpl/ghg/chapter4.pdf

US Environmental Protection Agency. *WasteWise: Changing with Climate*. Washington, DC.

US Environmental Protection Agency (2003), *Municipal Solid Waste in the United States: 2001 Facts and Figures*. Office of Solid Waste and Emergency Response. Washington, DC.

WasteWatch. *WasteOnline: In Depth Information on Waste*. http://www.wasteonline.org.uk/

Weitz, K. A., Thorneloe; S. E., Nishtala, S. R., Yarosky, S. and Zannes, M. (2002), The impact of municipal solid waste management on greenhouse gas emission in the United States. *Journal of the Air and Waste Management Association*, **52**(9), 1000-11.

Williams, I. D. and Kelly, J. (2003), Green waste collection and the

Policy, **23**(3/4), 277-93.

Carlsson-Kanyama, A. *et al.* (2003), Food and life cycle energy inputs: consequences of diet and ways to increase efficiency. *Ecological Economics*, **44**, 293-307.

Hora, M. and Tick, J. (2001), *From Farm to Table: Making the Connection in the Mid-Atlantic Food System*. Capital Area Food Bank of Washington DC report.

Jones, A. (2001). *Eating Oil: Food Supply in a Changing Climate*. Sustain and Elm Farm Research Centre.

Jones, A. (2002), An environmental assessment of food supply chains: a case study of dessert apples. *Environmental Management*, **30** (4), 560-76.

Kramer, K. J. *et al.* (1999), Greenhouse gas emissions related to Dutch food consumption. *Energy Policy*, **27**, 203-16.

Lawrence, F. (2004), *Not on the Label: What Really Goes into the Food on Your Plate*. Penguin, London.

Parry, M., Rosenzweig, C., Iglesias, A., Fischer, G. and Livermore, M. (1999), *Global Environmental Change – Human and Policy Dimensions*, **9**: S51-S67 Supplement S.

Pirog, R., Van Plet, T., Enshayan, K. and Cook, E. (2001), Report for Leopold Center for Sustainable Agriculture, Iowa, US. http://www.leopold.iastate.edu/pubs/staff/papers.htm

Siikavirta, H. *et al.* (2003), Effects of e-commerce on greenhouse gas emissions: a case study of grocery home delivery in Finland. *Journal of Industrial Ecology*, **6**(2), 83-97.

Subak, S. (1999), Global environmental costs of beef production. *Ecological Economics*, **30**(1), 79-91.

第5章

Australian Department of the Environment and Health (2001), *Independent assessment of kerbside recycling in Australia*, Volume 1. NOLAN-ITU Pty Ltd and Sinclair Knight Merz. Manly, NSW. http://www.deh.gov.au/industry/waste/covenant/kerbside.html

Bentham, G. (2002), Food poisoning and climate change. In Department of Health report – *Health Effects of Climate Change in the UK*, 4.2, pp.81-98.

Bisgrove, R. and Hadley, P. (2002), *Gardening in the Global Greenhouse: The Impacts of Climate Change on Gardens in the UK*. Technical Report, UKCIP, Oxford.

Centre for Disease Control and Prevention. US Department of Health and Human Services. http://www.cdc.gov/

Environment Canada. *Canada's Greenhouse Gas Inventory 1990-2000*. Greenhouse Gas Division, Environment Canada. http://www.ec.gc.ca/

from the consumers' point of view investigated with a modular LCA. *International Journal of Life Cycle Analysis*, **5**(3), 134-42.
Kunkel, K. E., Pielke Jr., R. A. and Changnon, S.A. (1999), Temporal fluctuations in weather and climate extremes that cause economic and human health impacts: a review. *Bulletin of the American Meteorological Society*, **80**(6), 1077-98. http://sciencepolicy.colorado.edu/admin/publication_files/recourse-75-1999.11.pdf
Natural Resources Canada (2003), *Energy Use Data Handbook 1990 and 1995 to 2001: Canada's natural resources now and in the future*. http://oee.nrcan.gc.ca/corporate/statistics/neud/dpa/data_e/Handbook04/Datahandbook2004.pdf
National Assessment Synthesis Team, US Global Change Research Program (2000), *Climate Change Impacts in the United States: The Potential Consequences of Climate Variability and Change*. Cambridge University Press, Cambridge.
Office of Energy Efficiency, Canada. *Statistics and Analysis*. http://oee.nrcan.gc.ca/corporate/statistics/neud/dpa/home.cfm?text=N&printview=N
Parry, M., Arnell, N., Hulme, M., Nicholls, R., and Livermore, M. (1998), Adapting to the inevitable. *Nature*, **395**, 741.
Reddy, B.V.V. and Jagadish, K.S. (2003), Embodied energy and alternative building materials and technologies. *Energy and Buildings*, **35**(2), 129-37.
Rocky Mountain Institute. *Household Greenhouse Gas Emissions and Savings Measures*. http://www.rmi.org/sitepages/pid341.php
UK Energy Saving Trust. *My Home*. http://www.est.org.uk/myhome/
US Energy Information Administration. *Historical energy data for the US*. http://www.eia.doe.gov/neic/historic/hconsumption.htm
US Energy Information Administration. *Monthly energy review, US*. http://www.eia.doe.gov/emeu/mer/contents.html
US Energy information Administration. *Residential energy consumption surveys, US*. http://www.eia.doe.gov/emeu/recs/contents.html
US Environmental Protection Agency and US Department of Energy. *Energy Star*. http://www.energystar.gov/
Wiel, S. and McMahon, J. E. (2003), Governments should implement energy-efficiency standards and labels – cautiously. *Energy Policy*, **31**, 1403-15.
Wilson, R. and Young, A. (1996), The embodied energy payback period of photovoltaic installations applied to buildings in the UK. *Building and Environment*, **31**(4), 299-305.

第4章

Carlsson-Kanyama, A. (1998), Climate change and dietary choices – how can emissions of greenhouse gases from food consumption be reduced? *Food*

Wasteline. WasteOnline UK. *End-of-life vehicles.* http://www.wasteonline.org.uk/resources/InformationSheets/vehicle.htm
Yang, M. (2002), *Climate change and GHGs from urban transport.* Asian Development Bank. Transport, Planning, Demand Management and Air Quality Workshop. Manila, Philippines. Document 10b. http://www.adb.org/Documents/Events/2002/RETA5937/Manila/down-loads/cw_10B_mingyang.pdf

第3章

Australian Consumers' Association. *Standby Wattage – Standby Wastage.* http://www.choice.com.au/viewArticle.aspx?id=102226&catld=100447&tid=100008&p=1
Australian Greenhouse Office. *Embodied energy.* http://www.greenhouse.gov.au/yourhome/technical/fs31.htm
Australian Greenhouse Office. *Strategic study of household energy and greenhouse issues.* Prepared by Sustainable Solutions Pty Ltd, June 1998. http://www.greenhouse.gov.au/coolcommunities/strategic/
Australian Institute of Energy. *Energy value and greenhouse emission factor of selected fuels.* http://www.aie.org.au/melb/material/resource/fuels.htm
California Energy Commission. *Consumer tips for appliances.* http://www.consumerenergycenter.org/homeandwork/homes/inside/appliances/
Coley, D. A., Goodliffe, E. and Macdiarmid, J. (1998), The embodied energy of food: the role of diet. *Energy Policy,* **26**(6), 455-9.
Community Carbon Reduction Project (CRED), UK. http://www.cred-uk.org/index.aspx
Crawford, R. H. and Treloar, G.J. (2004), Net energy analysis of solar and conventional domestic hot water systems in Melbourne, Australia. *Solar Energy,* **76**(1-3), 159-63.
CSIRO Manufacturing & Infrastructure Technology. *Embodied Energy.* http://www.cmit.csiro.au/brochures/tech/embodied/
Durrenberger, G., Patzel, N. and Hartmann, C. (2001), Household energy consumption in Switzerland. *International Journal of Environment and Pollution,* **15**(2), 159-70.
Glover, J., White, D. O. and Langrish, T. A. G. (2002), Wood versus concrete and steel in house construction: a life cycle assessment. *Journal of Forestry,* 100(8), 34-41.
Hashimoto, S., Nose, M., Obara, T. and Moriguchi, Y. (2002), Wood products: potential carbon sequestration and impact on net carbon emissions of industrialized countries. *Environmental Science and Policy,* **5**, 183-93.
Jungbluth, N., Tieje, O. and Scholz, R. W. (2000), Food purchases: impacts

(CO_2) emissions for different modes of transport. http://www.sra.gov.uk/publications/general/general_The_Strategic_Plan_2002/strategic_planthe_way_forward.pdf

Thomson, S. (2001), *The impacts of climate change: implications for the DETR.* Report for the Department of the Environment, Transport and the Regions by the In House Policy Consultancy Unit, UK. http://www.defra.gov.uk/environment/climatechange/impacts/pdf/impacts.pdf

Thomson, S. (2003), *The impacts of climate change: Implications for Defra.* Report for the Department of the Environment, Food and Rural Affairs by the In House Policy Consultancy Unit, UK. http://www.defra.gov.uk/environment/climatechange/impacts2/pdf/ccimpacts_defra.pdf

Toohey, R. (2001), *Travelling beyond boundaries? Catch a bus!: a rural perspective on public transport.* Conference Papers. Institute of Public Works Engineering, Australia. http://www.ipwea.org.au/papers/download/Royce%20Toohey.doc

Tyndall Centre for Climate Change Research. *Carbon emissions from transport: relative (CO_2) emissions for different modes of transport.* http://www.tyndall.ac.uk/research/info_for_researchers/emissions.pdf

UK Department for Transport. *Energy and environment: emissions for road vehicles (per vehicle kilometre) in urban conditions.* http://www.dft.gov.uk/stellent/groups/dft_transstats/documents/page/dft_transstats_032073.pdf

UK Department of Transport (2003), *GB National Travel Survey.* Personal travel factsheets. http://www.dft.gov.uk/stellent/groups/dft_control/documents/contentservertemplate/dft_index.hcst?n=7223&l=3

UK National Atmospheric Emissions Inventory. *Road Transport.* http://www.aeat.co.uk/netcen/airqual/naei/annreport/annrep98/app1_29.html

US Environmental Protection Agency. *On the Road.* http://yosemite.epa.gov/OAR/globalwarming.nsf/content/EmissionslndividualOntheRoad.html

US National Biodiesel Board. http://www.biodiesel.org/

Vehicle Certification Agency (VCA). *Car fuel data.* UK Department of Transport. http://www.vcacarfueldata.org.uk/

Wang, M., Saricks, C. and Santini, D. (1999), *Effects of fuel ethanol use on fuel-cycle energy and greenhouse gas emissions.* Center for Transportation Research. Argonne National Laboratory. http://www.transportation.anl.gov/pdfs/TA/58.pdf

Wang, M., Saricks, C. and Wu, M. (1997), *Fuel-cycle fossil energy use and greenhouse gas emissions of fuel ethanol produced from US Midwest corn.* Report for Illinois Department of Commerce and Community Affairs. Center for Transportation Research. Argonne National Laboratory. http://www.transportation.anl.gov/pdfs/TA/141.pdf

Climatic Change, **55**(4), 429-49.
Macedo, I. D. (1998), Greenhouse gas emissions and energy balances in bio-ethanol production and utilization in Brazil. *Biomass and Bioenergy*, **14**(1), 77-81.
Maddison, D. (2001), In search of warmer climates? The impact of climate change on flows of British tourists. *Climatic Change*, **49**(1-2), 193-208.
McCleese, D. L. and LaPuma, P. T. (2002), Using Monte Carlo simulation in life cycle assessment for electric and internal combustion vehicles. *International Journal of Life Cycle Assessment*, 7(4), 230-6.
National Greenhouse Gas Inventory, Australia (2002), *Energy: Transport. 2002 Inventory and Trends*. http://www.greenhouse.gov.au/inventory/2002/facts/pubs/02.pdf
Prodmore, A., Bristow, A., May, T. and Tight, M. (2003), Climate change, impacts, future scenarios and the role of transport. *Working Paper 33*, Tyndall Centre for Climate Change Research, UK. http://www.tyndall.ac.uk/publications/working_papers/wp33.pdf
Randall, F. J., Driscoll, W., Lee, E. and Lindsay, C. (1998), *Greenhouse gas emission factors for management of selected materials in municipal solid waste*. US Environmental Protection Agency. http://yosemite.epa.gov/OAR/globalwarming.nsf/UniqueKeyLookup/SHSU5BVP7P/%24File/r99fina.pdf
Reay, D.S. (2003), Virtual solution to carbon cost of conferences. *Nature*, **424**, 251.
Reay, D.S. (2004), Flying in the face of the climate change convention. *Atmospheric Environment*, **38**, 793-4. http://www.ghgonline.org/flyingaea.pdf
Root, A., Boardman, B. and Fielding, W. J. (1996), *SMART: The Costs of Rural Travel*. Energy and Environment programme, Environmental Change Unit, University of Oxford, UK. http://www.eci.ox.ac.uk/pdfdownload/smartreport.pdf
Sausen, R. and Schumann, U. (2000), Estimates of the climate response to aircraft CO_2 and NOx emissions scenarios. *Climate Change*, **44**(1-2), 27-58.
Scott, B. M. and Plug, L. J. (2003), CO_2 emissions from air travel by AGU and ESA conference attendees. *EOS Transactions*, Fall 2003 Meeting of American Geophysical Union. http://surface.earthsciences.dal.ca/publications/abstracts/scottplug_agu2003.pdf
Shackley, S. *et al.* (2002), *Low carbon spaces area-based carbon emission reduction: a scoping study*. Sustainable Development Commission. http://www.tyndall.ac.uk/research/theme2/final_reports/sdc_final_report.pdf
Strategic Rail Authority, UK. *The way forward for Britain's railway: relative*

www.transportation.anl.gov/
Australian Greenhouse Office. *Fuel Consumption guide: 10 top tips for fuel efficient driving.* http://www.greenhouse.gov.au/fuellabel/costs. html#tips
Bureau of Transportation Statistics, US (2003), *America on the Go.* National Household Travel Survey, USA. http://www.bts.gov/programs/national_household_travel_survey/
Caldwell, H. *et al.* (2002), Potential impacts of climate change on freight transport. *The Potential impacts of Climate Change on Transportation Workshop 2002.* http://climate.volpe.dot.gov/workshop1002/caldwell.pdf
Cooper, J., Ryley, T., Smyth A. and Granzow, E. (2001), Energy use and transport correlation linking personal and travel related energy uses to the urban structure. *Environmental Science and Policy*, **4**, 307-18.
Elsasser, H. and Burki, R. (2002), Climate change as a threat to tourism in the Alps. *Climate Research*, **20**(3), 253-7.
Energy Information Administration, US (1996), *Alternatives to Traditional Transportation Fuels 1994.* Volume 2: *Greenhouse Gas Emissions.* http://www.eia.doe.gov/cneaf/pubs_html/attf94_v2/exec.html
European Environment Agency. *Vehicle Occupancy Rates.* http://themes.eea.eu.int/Sectors_and_activities/transport/indicators/technology/TERM29%2C2002/TERM_2002_29_EU_Occupancy_rates_of_passenger_vehicles.pdf
Fourth Virtual Conference on Genomics and Bioinformatics. 2004. http://www.virtualgenomics.org/conference_2004.htm
Friends of the Earth (FOE). *Why travelling by rail is better for the environment.* http://www.foe.co.uk/pubsinfo/briefings/html/20011012100132.html
FuelEconomy.gov. US Department of Energy. http://www.fueleconomy.gov/
Greene, D. L. and Schafer, A. (2003), *Reducing Greenhouse Gas Emissions from US Transportation.* Report for the Pew Center on Global Climate Change. http://www.pewclimate.org/global-warming-in-depth/all_reports/reduce_ghg_from_transportation/index.cfm
Intergovernmental Panel on Climate Change (IPCC) (2000), *Comparison of Carbon Dioxide Emissions from Different Forms of Passenger Transport. Aviation and the Global Atmosphere.* Cambridge University Press, Cambridge. http://www.grida.no/climate/ipcc/aviation/126.htm
IRFD World Forum on Small Island Developing States. *Challenges, Prospects and International Cooperation for Sustainable Development.* http://irfd.org/events/wfsids/vc.htm
The Leading Edge: Second National Conference for the Stewardship and Conservation Community in Canada, 2003. http://www.stewardship2003.ca/
Lise, W. and Tol, R. S. J. (2002), Impact of climate on tourist demand.

参考資料

第1章

Australian Greenhouse Office (2001), *Global Warming: Cool it!* http://www.greenhouse.gov.au/gwci/

Central Alabama Electric Cooperative. *Residential Energy Calculator.* http://touchstoneenergyhome.apogee.net/index.asp?id=centralal

Department of the Environment and Transport in the Regions (DETR). *Vehicle Certification Agency Emissions Database.* http://www.vcacarfueldata.org.uk/search_form_basic.asp

Energy Information Administration. Average Electricity Emission Factors by State and Region, USA. http://www.eia.doe.gov/oiaf/1605/e-factor.html

Friedland, A. J., Gerngross, T. U. and Howarth, R. B. (2003), Personal decisions and their impacts on energy use and the environment. *Environmental Science and Policy*, **6**, 175-9.

Greenhouse Gas Online. http://www.ghgonline.org/

Intergovernmental Panel on Climate Change (IPCC) (1999), *Air Transport Operations and Relation to Emissions. Aviation and Global Atmosphere.* Cambridge University Press, Cambridge.

Liverman, D. M. and O'Brien, K. L. (1991), Global warming and climate change in Mexico. *Global Environmental Change*, **1**(5), 351-64.

Reay, D. S. (2002), Costing climate change. *Philosophical Transactions of the Royal Society Series A*, **360**, 2947-61.

United Nations Convention on Climate Change (UNFCCC) (2003), *Caring for Climate: a Guide to the Climate Change Convention and the Kyoto Protocol.* http://unfccc.int/resource/docs/publications/caring_en.pdf

US Environmental Protection Agency. *Global warming.* http://yosemite.epa.gov/oar/globalwarming.nsf/content/index.html

US Environmental Protection Agency. *Greenhouse gas emissions from management of selected materials in municipal solid waste.* http://www.epa.gov/epaoswer/non-hw/muncpl/ghg/chapter4.pdf

US Environmental Protection Agency. *Solid waste management and greenhouse gases: a life-cycle assessment of emissions and sinks.* http://www.epa.gov/epaoswer/non-hw/muncpl/ghg/ghg.htm

WasteWatch. *WasteOnline: In depth information on waste.* http://www.wasteonline.org.uk/

第2章

Argonne National Laboratory. Center for Transportation Research. http://

世界はいま、地球温暖化をはじめとする環境破壊や、人間の尊厳を脅かす科学的な生命操作という、次世代以降にもその影響を及ぼしかねない深刻な問題に直面しています。それらが人間中心・経済優先の価値観の帰結であるのなら、私たち人類は自らのあり方を根本から見直し、新たな方向へと踏み出すべきではないでしょうか。

そのためには、あらゆる生命との一体感や、大自然への感謝など、本来、人類が共有していたはずの心を取り戻し、多様性を認め尊重しあう、共生と平和のための地球倫理をつくりあげることが喫緊の課題であると私たちは考えます。

この「いのちと環境ライブラリー」は、環境保全と生命倫理を主要なテーマに、現代人の生き方を問い直し、これからの世界を持続可能なものに変えていくうえで役立つ情報と新たな価値観を、広く読者の方々に紹介するために企画されました。

本シリーズの一冊一冊が、未来の世代に美しい地球を残していくための実践的な一助となることを願ってやみません。

[著者・訳者紹介]
デイヴ・レイ（Dave Reay）　エディンバラ大学所属の気象学研究者。温室効果排出ガスが環境に及ぼす影響を広範囲にわたって調査している。論文、一般向けの記事を多数執筆。異常気象に関するウェブサイト www.ghgonline.org の編集にも携わる。

日向やよい　会津若松市生まれ。東北大学薬学部卒。宮城県衛生研究所勤務を経て翻訳に携わる。主な訳書に、『殺菌過剰！』（原書房）、『新型殺人感染症』（ＮＨＫ出版）、『脳卒中のあと私は……』（産調出版）、『ボディマインド・シンフォニー』（日本教文社）などがある。

〈いのちと環境ライブラリー〉
異常気象(いじょうきしょう)は家庭(かてい)から始(はじ)まる

初版第1刷発行　平成19年5月20日

著者　デイヴ・レイ
訳者　日向やよい（ひむかいやよい）
発行者　岸　重人
発行所　株式会社日本教文社
〒107-8674　東京都港区赤坂9-6-44
電話　03-3401-9111（代表）　03-3401-9114（編集）
FAX　03-3401-9118（編集）　03-3401-9139（営業）
振替　00140-4-55519
装丁　岡本洋平（岡本デザイン室）
印刷・製本　凸版印刷

ISBN978-4-531-01552-8 Printed in Japan

●日本教文社のホームページ　http://www.kyobunsha.co.jp/
乱丁本・落丁本はお取り替えします。定価はカバー等に表示してあります。

＊本書は、用紙に無塩素漂白パルプ(本文用紙は植林木パルプ100%)、印刷インクに大豆油インク（ソイインク)、またカバー加工に再利用可能なテクノフを使用することで、環境に配慮した本造りを行なっています。

PRINTED WITH SOYINK